Edward O. Wilson
Darwins Würfel

Edward O. Wilson

Darwins Würfel

Aus dem Englischen
von Thorsten Schmidt

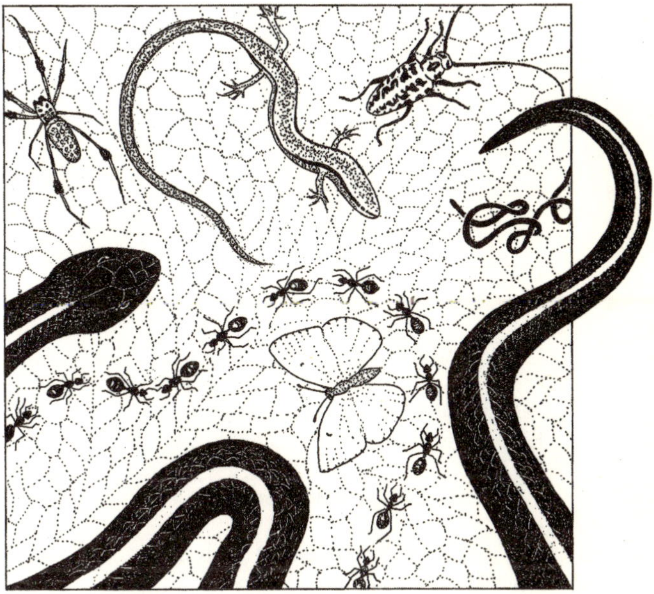

Claassen

Die Originalausgabe erschien 1996 unter dem Titel
In Search of Nature bei Island Press, Washington

Der Claassen Verlag ist ein Unternehmen der
Econ Ullstein List Verlag GmbH & Co. KG

ISBN 3-546-00225-3

 Printed in Austria
Gesetzt aus der Sabon bei Franzis print & media, München
Druck und Bindung: Wiener Verlag, Himberg

Inhalt

Vorwort

Die hier zusammengestellten Aufsätze, die erstmals zwischen 1975 und 1993 veröffentlicht wurden, befassen sich mit zwei archetypischen und folglich schwer definierbaren Begriffen. Erstens der Natur als dem Teil der Welt, der, unabhängig von uns, scheinbar ewig existiert und der zugleich die Wiege unserer Art ist. Zweitens der Natur des Menschen, unserem Wesen, unserer ursprünglichen Eigenart, die jene sensorischen und emotionalen Fähigkeiten umfaßt, welche die Menschheit mit der gleichen Gewißheit zu einer Art vereinigen, mit der wir durch Sprachen und ethnische Bräuche in Stämme zerfallen.

Das zentrale Thema dieser Aufsätze ist die enge Verflechtung zwischen außermenschlicher und menschlicher Natur. Ich behaupte, daß wir beide nur dann wirklich verstehen können, wenn wir sie als Produkte der Evolution betrachten, die in enger Wechselwirkung miteinander entstanden sind. Die Naturgeschichte gewinnt so an Sinnhaftigkeit, während die Vielfalt des Lebens, die wir durch die Ausrottung von Arten so rücksichtslos verringern, einen höheren Wert erhält. Das Verhalten des Menschen erscheint dann als

Produkt nicht bloß der überlieferten Geschichte der letzten zehntausend Jahre, sondern auch der Vorgeschichte, des Zusammenwirkens von genetischen und kulturellen Veränderungen, aus dem im Verlauf von Hunderten von Jahren der Mensch hervorgegangen ist. Meines Erachtens brauchen wir diese größeren zeitlichen Bezugsrahmen nicht nur, um unsere Spezies zu verstehen, sondern mehr noch, um unsere Zukunft zu sichern.

Lexington, Massachusetts

Natur der Tiere –

Natur des Menschen

Die Schlange

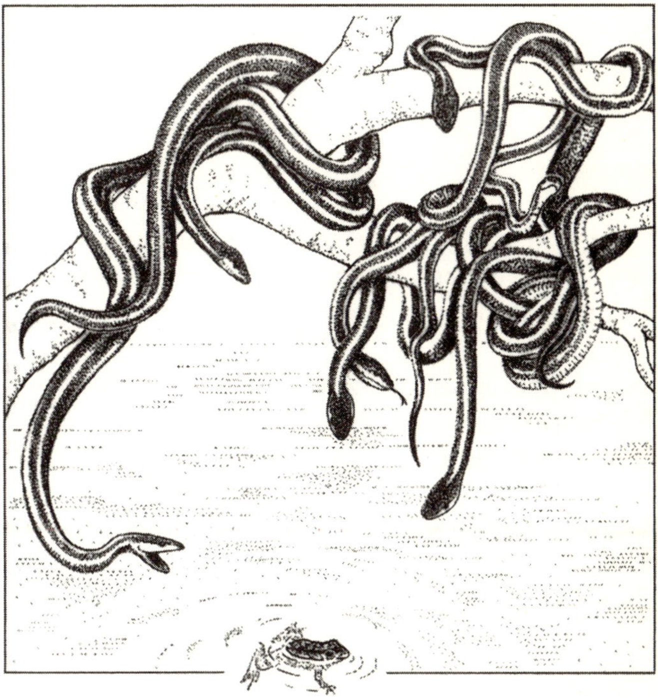

Auf besonders anschauliche Weise verknüpft das Phänomen der Schlange Natur- und Geisteswissenschaften, Biologie und Kultur miteinander. Bei Tagträumereien wie in nächtlichen Träumen schleicht sich das symbolhafte Bild der Schlange, Träger magischer Vorzeichen, mühelos in unser Bewußtsein und unser Unbewußtes ein. Ohne Vorwarnung auftauchend, verschwindet es ebenso urplötzlich und läßt keine konkrete Erinnerung an eine echte Schlange zurück, sondern das undeutliche Gefühl der Präsenz einer mächtigeren Kreatur, der mythischen, in einem Nebel aus Furcht und Faszination lauernden Schlange.

Diese Merkmale treten in einem Traum, der mich gewissermaßen mein Leben lang begleitet hat, besonders deutlich hervor – aus Gründen, die wir bald verstehen werden.

Ich befinde mich inmitten einer von gespenstischer Stille erfüllten und ganz in Grautönen gemalten sumpfigen Waldlandschaft. Beim Eindringen in dieses düstere Dickicht überkommt mich ein schauriges Gefühl. Das Gelände vor mir ist rätselhaft und unheimlich, friedlich und bedrohlich zugleich. Ich bin – aus

Gründen, die ich in dem Traumzustand nicht erfassen kann – gezwungen, mich hier aufzuhalten. Plötzlich taucht die Schlange auf, kein Reptil im üblichen, wörtlichen Sinne, sondern weit mehr: eine bedrohliche Präsenz mit außergewöhnlichen Kräften. Es ist ein Wesen von veränderlicher Größe und Gestalt, gepanzert, unbezwingbar. Der Kopf mit den Giftzähnen strahlt eine kalte, unmenschliche Intelligenz aus. Der aufgerollte muskulöse Leib gleitet ins Wasser, verschwindet unter Stützwurzeln und kehrt ans Ufer zurück. Die Schlange ist gleichsam der Geist dieses schattigen Ortes und die Wächterin des Eingangs in tiefere Sphären. Ich spüre, daß ein undefinierbarer, aber tiefgreifender Wandel einträte, wenn ich die Schlange fangen oder in die Flucht schlagen oder ihr auch nur entkommen könnte. Der Gedanke an diese Verwandlung löst alte, namenlose Gefühle aus. Zugleich empfinde ich eine vage Bedrohung, wie sie von einer Messerklinge oder einer hohen Klippe ausgeht. Die Schlange ist lebenverheißend und lebensbedrohend, verführerisch und heimtückisch. Jetzt kriecht sie auf mich zu, belauert mich, bereit zuzustoßen. Der Traum endet in einem Gefühl der Beklommenheit, ohne klare Lösung.

Die reale Schlange und die mythische Schlange – das Reptil aus Fleisch und Blut und das dämonische Traumbild – enthüllen die Komplexität unserer Beziehung zur Natur und den Zauber, die Schönheit, die allen Organismen innewohnen. Selbst die gefährlichsten und abstoßendsten Lebewesen besitzen für den Menschen noch eine gewisse Faszination. Der Mensch hat eine angeborene Furcht vor Schlangen; genauer gesagt, die angeborene Neigung, eine solche Furcht ab dem Alter von fünf Jahren rasch und mühelos zu erwerben. Die Bilder, die die Menschen aus dieser eigentümlichen Einstellung heraus konstruieren, sind ebenso wirkungsstark wie ambivalent und reichen von panischer Flucht bis hin zu dem Erlebnis von Macht und männlicher Sexualität. Infolgedessen nimmt die mythische Schlange in vielen Kulturen der Welt einen bedeutenden Platz ein.

Hier nun kommt ein überaus komplexes Prinzip zum Tragen, das weit über die gängige psychoanalytische Deutung sexueller Symbole hinausgeht. Jegliche Form von Leben ist unendlich viel interessanter als praktisch jede vorstellbare Spielart unbelebter Materie. Der Wert der letzteren bemißt sich hauptsächlich danach, in welchem Ausmaß sie in lebendes Gewebe umgewandelt werden kann, sie diesem zufälligerweise ähnelt oder zu einem nützlichen, quasi belebten Artefakt verarbeitet werden kann. Niemand, der halbwegs bei Verstand ist, schaut sich lieber einen Haufen toter Blätter an als den Baum, von dem sie herabfallen.

Was genau bindet uns so eng an Lebewesen? Der Biologe wird uns sagen, daß Leben in der Selbstreplikation von Riesenmolekülen aus einfacheren chemischen Bestandteilen besteht und in dem Zusammenbau komplexer organischer Strukturen, der Übertragung großer Mengen molekularer Information, Nahrungsaufnahme, Wachstum, zielgerichteter Bewegung und der Vermehrung einander sehr ähnlicher Organismen gipfelt. Und der Dichter im Biologen wird hinzufügen, daß Leben ein äußerst unwahrscheinlicher, metastabiler Zustand ist, der gegenüber anderen Systemen offen und daher vergänglich ist – und dessen Erhaltung jedes Opfer wert ist.

Einige Organismen haben aufgrund ihres besonderen Einflusses auf die seelische Entwicklung des Menschen noch mehr zu bieten. In dem 1984 erschienenen Buch *Biophilia* habe ich behauptet, daß unser Drang, die Nähe anderer Lebensformen zu suchen, bis zu einem gewissen Grad angeboren sei. Diese Behauptung ist freilich empirisch nicht besonders gut abgesichert, da sie noch nicht hinreichend nach dem anerkannten wissenschaftlichen Prozedere von Hypothesenbildung, Deduktion und experimenteller Überprüfung untersucht wurde, um uns – so oder so – Gewißheit zu verschaffen. Dennoch tritt diese biophile Tendenz im Alltagsleben so deutlich und so weit verbreitet zutage, daß sie ernst genommen zu werden verdient. Sie entfaltet sich von früher Kindheit an in den voraussagbaren Phantasien und Reaktionen der Individuen. Sie manifestiert sich als durchgängiges kulturelles Muster in den meisten, wenn nicht gar in allen Gesellschaften – eine Übereinstimmung, auf die im anthropologischen Schrifttum immer wieder hingewiesen wird. Diese Prozesse scheinen in das Gehirn einprogrammiert zu sein. Das zeigt sich darin, mit welcher Schnelligkeit und Bereitwilligkeit wir bestimmte Dinge über manche Pflanzen- und Tierarten lernen. Diese Vorgänge sind zu kongruent, als daß man sie einfach als Ergebnis rein historischer Ereignisse, die in eine leere mentale Tafel geätzt werden, abtun könnte.

Die wohl sonderbarste Manifestation der Biophilie ist die Furcht und Verehrung der Schlange. Die Träume, denen die vorherrschenden Bilder entspringen, existieren bekanntlich in sämtlichen Gesellschaften, deren Seelenleben erforscht wurde. Zu jedem beliebigen Zeitpunkt erinnern sich jeweils mindestens fünf Prozent der Bevölkerung an Träume, in denen Schlangen vorgekommen sind, und dieser Prozentsatz wäre vermutlich noch viel höher, wenn die Leute über mehrere Monate hinweg ihre Erinnerungsreste unmittelbar nach dem Aufwachen aufzeichnen würden. Die von New Yorkern beschriebenen Bilder sind genauso detailliert und gefühlsbetont wie diejenigen australischer Aborigines und afrikanischer Zulus. In sämtlichen Kulturen sind Schlangen Objekte mystischer Verklärung. Die Hopi verehren die Wasserschlange Palulukon, ein wohlwollendes, wenn auch schreckenerregendes Wesen. Die Kwakiutl fürchten die *sisiutl,* eine dreiköpfige Schlange mit Menschen- und Reptilienköpfen, deren Erscheinen im Traum Wahnsinn oder Tod ankündigt. Die peruanischen Sharanahua beschwören im halluzinogenen Drogenrausch Reptiliengeister und streicheln ihre Gesichter mit herausgerissenen Schlangenzungen. Der Lohn dafür sind Träume von grellbunt gefärbten Boas, Giftschlangen und Seen, in denen es von Kaimanen und Anakondas wimmelt. Überall auf der Welt überwiegen in Träumen, in denen Tiere vorkommen, Schlangen und schlangenähnliche Geschöpfe. Sie werden als lebendige Symbole von Macht und Sexualität, als Totems, mythische Helden und Götter in Beschlag genommen.

Diese kulturellen Manifestationen mögen zunächst abstrakt und geheimnisvoll anmuten, doch liegt dem Archetyp Schlange eine einfache Gegebenheit zugrunde, die innerhalb des Erfahrungsbereichs gewöhnlicher Menschen liegt. Beim Anblick von Schlangen reagieren wir meist sehr emotional: sie versetzen uns nicht nur in Furcht, sondern sie erregen und fesseln uns auch so sehr, daß wir uns Geschichten über sie ausdenken. Diese eigentümliche Disposition spielte eine wichtige Rolle bei einem ungewöhnlichen Erlebnis aus meiner Kindheit: einer denkwürdigen Begegnung mit einer großen wirklich existierenden Schlange.

Ich wuchs in dem schmalen Küstenstreifen im Nordwesten Floridas und den angrenzenden Landkreisen Alabamas auf. Wie die meisten Jungen in diesem Teil des Landes, die in jeder freien Minute durch die Wälder streifen, ging auch ich gerne jagen und fischen und vollzog keine strikte Unterscheidung zwischen diesen Aktivitäten und dem Leben insgesamt. Doch war ich auch ein begeisterter Anhänger der Naturgeschichte und beschloß schon sehr früh, Biologe zu werden. Ich war insgeheim von dem Ehrgeiz beseelt, eine echte Schlange zu finden, eine Schlange, die so sagenhaft groß oder sonstwie außergewöhnlich sein sollte, daß sie die Grenzen der Phantasie und erst recht die der konkreten Wirklichkeit sprengen würde.

Gewisse Umstände förderten diese Phantasie eines

Heranwachsenden. Erstens war ich ein Einzelkind mit nachsichtigen Eltern, die mich darin bestärkten, meinen Interessen und Hobbys – mochten sie auch noch so exotisch sein – nachzugehen, kurz: Ich wurde verwöhnt. Zweitens flößte die Landschaft, in der ich aufwuchs, Kindern eine ehrfürchtige Scheu vor der Natur ein. Vier Generationen zuvor war diese Gegend noch eine in mancher Hinsicht genauso überwältigende Wildnis wie Amazonien. Palmettopalmen-Dickicht säumte gewundene, quellengespeiste Wasserläufe und Zypressensümpfe. Carolina-Sittiche und Elfenbeinspechte huschten im Sonnenlicht zwischen den Baumkronen hindurch, und Wildtruthühner und Wandertauben zählten noch immer zum jagdbaren Wild. Nach schweren Niederschlägen an milden Frühlingsabenden quakte, krächzte, dröhnte und trällerte ein Dutzend Froscharten in gemischten Chören ihre Liebesgesänge. Ein Großteil der Fauna der Golfküste stammt von Arten ab, die sich im Verlauf von Jahrmillionen von den Tropen in nördlicher Richtung ausbreiteten und sich an die örtlichen Klimabedingungen der warm-gemäßigten Zone anpaßten. Kolonnen kleiner Ameisenheere, nahe Verwandte der größeren südamerikanischen Wanderameisen, marschierten meist unbemerkt bei Nacht über den Waldboden. Spinnen der Gattung *Nephila*, so groß wie Untertassen, webten Netze, breit wie Garagentore, quer über Waldlichtungen.

Aus den stehenden Tümpeln und mit Wasser gefüllten Astlöchern stiegen Schwärme von Stechmücken auf, die die ersten Siedler heimsuchten. Sie waren die Überträger der Geißeln des amerikanischen Südens, Malaria und Gelbfieber, die immer wieder seuchenartig aufloderten und die Bevölkerung des küstennahen Tieflands dezimierten. Dieses natürliche Hindernis ist einer der Gründe dafür, daß der Streifen zwischen Tampa und Pensacola bis weit ins 20. Jahrhundert hinein dünn besiedelt blieb und auch heute noch, lange nach der Ausmerzung dieser Krankheiten, das relativ naturbelassene »andere Florida« ist.

Das Gebiet ist sehr schlangenreich. Die Golfküste weist eine größere Artenvielfalt und höhere Populationendichte auf als praktisch alle anderen Regionen der Erde, und Schlangen bekommt man häufig zu Gesicht. Am Ufer von Teichen und Wasserläufen hängen, gleichsam an das Gorgonenhaupt gemahnend, Strumpfbandnattern bündelweise von Ästen herab. Giftige Korallenschlangen, deren Körper mit Warnfärbung – roten, schwarzen und gelben Querbändern – geschmückt sind, wühlen sich durch die Laubstreu. Sie sind leicht zu verwechseln mit ihren Nachahmern, den scharlachroten Königsnattern, die eine andere Folge von Querbändern in Rot, Schwarz und Gelb aufweisen. Der Waldbewohner merkt sich die einfache Regel: »Rot neben Gelb ist tödlich, Rot neben Schwarz ungefährlich.« Hakennattern, harmlose träge, dickleibige Tiere mit aufgebogenen Schnauzenspitzen, zeichnen sich durch eine beunruhigende Ähnlichkeit mit giftigen afrikanischen Gabunvipern aus und pflegen Kröten lebendig zu verschlingen. Sechzig Zentimeter lange Zwergklapperschlangen stehen im Gegensatz zu Diamantklapperschlangen, die eine Länge von über zwei Metern erreichen. Eine bunte, gemischte Gesellschaft bildet die Gruppe der Wasserschlangen, die sich hinsichtlich Größe, Farbe und Anordnung der Schuppen voneinander unterscheiden; sie umfaßt zehn Arten der Gattungen *Natrix, Seminatrix, Agkistrodon, Liodytes und Farancia.*

Natürlich sind der Häufigkeit und Artenvielfalt Grenzen gesetzt. Da sich Schlangen von Fröschen, Mäusen und anderen Tieren ähnlicher Größe ernähren, sind sie zwangsläufig seltener als ihre Beutetiere. Auf einem Spaziergang wird man schwerlich eine Schlange nach der anderen entdecken. Oftmals hat man nach einstündiger gründlicher Suche noch keine einzige aufgespürt. Aber aus meiner persönlichen Erfahrung kann ich bezeugen, daß man in Florida jederzeit zehnmal eher eine Schlange zu Gesicht bekommt als in Brasilien oder auf Neuguinea.

Die Häufung von Schlangen hat etwas seltsam Stimmiges. Obgleich die Wildnis an der Golfküste größtenteils in Asphalt und Agrarland umgewandelt wurde und allenthalben die Geräusche von Fernsehgeräten und Firmenflugzeugen zu vernehmen sind, hält sich ein Rest der früheren ländlichen Kultur, so als stünde die Sphäre der Zivilisation der Wildnis und dem Unbekannten noch immer feindlich gegenüber. »Den Wald zurückdrängen und das Land besiedeln« ist eine nach wie vor weit verbreitete Devise, das Ethos des Siedlers und eine bewährte biblische Weisheit (dieselbe, die die

Zedernhaine des Libanon in das Ödland von heute verwandelt hat). Das auffällig häufige Vorkommen von Schlangen stellt eine Art symbolischer Untermauerung dieser altehrwürdigen Überzeugung dar.

Im Hinterland wurde im Verlauf der einhundertfünfzigjährigen Besiedlung die alltägliche Begegnung mit Schlangen zu einer regelrechten Schlangenmythologie ausgeschmückt. Wenn man einer Klapperschlange den Kopf abtrennt – so kann man immer wieder hören –, lebt sie noch bis zum Sonnenuntergang. Wer von einer Schlange gebissen wird, solle die Einstiche der Giftzähne mit einem Messer aufschneiden und mit Kerosin auswaschen, um das Gift zu neutralisieren (mir ist niemand bekannt, der diese Prozedur überlebt hätte). Wer mit ganzem Herzen an Jesus glaubt, der könne sich gefahrlos Klapperschlangen und Kupferköpfe um den Hals hängen. Wird er trotzdem gebissen, dann möge er dies als ein Zeichen des Herrn annehmen und in Ruhe der Dinge harren, die da folgen. Die Hakennatter hingegen soll den sicheren Tod in Form eines geschlängelten S verheißen. Wer ihr zu nahe kommt, dem sprühe sie Gift in die Augen, das zur Erblindung führe; schon die bloße Ausdünstung der Schlangenhaut sei tödlich. Diese Art profitiert von ihrer furchteinflößenden Legende; ich habe noch nie gehört, daß eine Hakennatter totgeschlagen worden wäre.

Tief im Wald leben Geschöpfe von erschreckender Macht. (Das ist es, was ich am liebsten hörte.) Dazu gehört die »Reifenschlange«. Skeptiker, die man Samstagvormittag dichtgedrängt auf der Brüstung des Bezirksgerichts hocken sah, behaupten, sie sei ein rein mythisches Wesen; es könnte sich aber auch um ein Exemplar der weitverbreiteten Peitschennatter handeln, das durch besondere Umstände bösartig geworden ist. Derart verwandelt, steckt sie den Schwanz in ihr Maul und rollt mit großer Geschwindigkeit Hügel hinab, um ihre erschrockenen Opfer anzugreifen. Dann gibt es gelegentlich Berichte über wahre Monster: eine Riesenschlange, die angeblich in einem bestimmten Sumpf lebt (jedenfalls dort hauste, auch wenn sie in den letzten Jahren nicht mehr gesichtet wurde); eine über zweieinhalb Meter lange Diamantklapperschlange, die ein Farmer vor ein paar Jahren am Rand einer Stadt getötet hat; irgendein nicht genau klassifizierbares Monstrum, das man vor kurzem flüchtig zu sehen bekam, als es sich am Ufer eines Flusses sonnte.

Es ist wunderbar, in südlichen Städten aufzuwachsen, in denen Tierfabeln halb für bare Münze genommen werden. Sie wecken in dem Heranwachsenden einen Sinn für das Unbekannte und für die Möglichkeit, daß sich nur einen Tagesmarsch von seinem Wohnort entfernt irgend etwas Außergewöhnliches finden könnte. In der Umgebung von Schenectady, Liverpool oder Darmstadt sucht man diesen Zauber vergeblich. Deshalb tun mir alle Kinder, die an solchen Orten leben, die heute keine Überraschungen mehr bereithalten, ein wenig leid. Ich habe die Wälder und Sümpfe in der Umgebung von Mobile, Pensacola und

Brewton mit leidenschaftlicher Neugierde erkundet. Ich habe mir das stille Ausharren und die konzentrierte Beobachtung zur Gewohnheit gemacht, und beides ist mir noch heute auf Exkursionen von Nutzen, nachdem ich gelernt habe, alte Gefühle wieder wachzurufen, um sie als Teil der Methode des Naturforschers einzusetzen.

Meine Freunde müssen einige dieser Gefühle geteilt haben. Mitte der vierziger Jahre war die Mitarbeit in Highway-Säuberungskolonnen und das Herumstöbern in freier Natur unsere einzige Beschäftigung in der heißen Jahreszeit. Allerdings gab es gewisse Unterschiede: Ich stellte mit großer Leidenschaft Schlangen nach. In den Jahren 1944 und 1945 trugen die meisten Spieler der Fußballmannschaft der Brewton High School Spitznamen, in denen sich die Vorliebe der Südstaatler für Infantilismen und bestimmte Anfangsbuchstaben niederschlug: Bubba Joa, Flip, A. J., Sonny, Shoe, Jimbo, Junior, Snooker und Skeeter. Als untergewichtiger Linksaußen der dritten Garnitur, der nur dann im vierten Viertel spielen durfte, wenn unsere Mannschaft uneinholbar in Führung lag, lautete mein Spitzname »Snake« (Schlange). Doch obgleich ich auf dieses Zeichen männlicher Anerkennung außerordentlich stolz war, begeisterte ich mich für etwas anderes. Denn in dieser Region sind sage und schreibe vierzig Schlangenarten heimisch, und mir gelang es, Exemplare fast all dieser Arten zu fangen.

Eine Schlangenart wurde gerade wegen ihrer Scheu zum bevorzugten Ziel meiner Nachstellungen: die

Glänzende Wassernatter *Natrix rigida.* Die ausgewachsenen Individuen lagen auf dem Grund seichter Teiche weit hinter der Küste und streckten ihre Köpfe aus dem algengrünen Wasser heraus, um Luft zu schnappen und die Oberfläche in allen Richtungen abzusuchen. Ich watete äußerst vorsichtig auf sie zu, wobei ich die seitlichen Bewegungen vermied, auf die Schlangen besonders schreckhaft reagieren. Ich mußte mich bis auf ungefähr einen Meter an sie heranpirschen, ehe ich einen Tauchangriff auf sie wagen konnte; doch bevor ich so nahe an sie herankam, zogen sie jedesmal ihre Köpfe unter Wasser und glitten geräuschlos in die trüben Tiefen. Schließlich löste ich das Problem mit Hilfe des besten Schleuderkünstlers der Stadt, eines verschlossenen gleichaltrigen Einzelgängers, der stolz war und leicht aufbrauste, die Art Bursche, die sich in früheren Zeiten möglicherweise in den Schlachten des Bürgerkriegs ausgezeichnet hätte. Er zielte mit Kieselsteinen auf die Köpfe der Schlangen und betäubte sie dadurch so lange, daß ich genügend Zeit hatte, sie unter Wasser zu ergreifen. Nachdem die so erbeuteten Schlangen wieder zu Bewußtsein gekommen waren, hielt ich sie eine Zeitlang in selbstgefertigten Käfigen im Garten hinter unserem Haus, wo sie sich von lebenden Elritzen ernährten, die ich ihnen in wassergefüllten Schüsseln darbot.

In einem einige Kilometer von unserem Haus entfernt gelegenen Sumpf, in dem ich mich halb verirrt hatte, erhaschte ich einmal einen flüchtigen Blick auf eine unbekannte, leuchtend bunt gefärbte Schlange, die gerade in einer Flußkrebshöhle verschwand. Ich lief zu der Stelle, stieß mit meiner Hand hinter ihr her und tastete blind herum. Zu spät: Die Schlange war, unerreichbar für meine Hände, in die tieferen Kammern gekrochen. Erst später kam mir in den Sinn, daß es sich womöglich um eine Giftschlange gehandelt hatte. Mein leichtsinniger Enthusiasmus holte mich bei einer weiteren Gelegenheit ein, als ich die Reichweite einer Zwergklapperschlange unterschätzte, die schneller zustieß, als ich es für möglich gehalten hatte, und mich mit verblüffender Heftigkeit in den linken Zeigefinger biß. Dank der geringen Größe des Reptils trug ich neben einer vorübergehenden Schwellung des Arms nur eine geschädigte Fingerspitze davon, die auch heute noch ein wenig taub wird, wenn kaltes Wetter aufzieht.

An einem stillen Julimorgen, als ich mich in dem von den artesischen Brunnen von Brewton gespeisten Sumpf entlang eines von Kräutern umwucherten Wasserlaufs auf eine Anhöhe vorarbeitete, begegnete ich meiner »mythischen Schlange«. Urplötzlich schlüpfte eine riesengroße Schlange blitzschnell zwischen meinen Füßen hindurch und tauchte ins Wasser ein. Ihre Bewegung erschreckte mich vor allem deshalb so sehr, weil ich an jenem Tag bis dahin nur Fröschen und Schildkröten von bescheidener Größe begegnet war, die reglos auf Sandbänken und umgestürzten Baumstämmen verharrten. Obgleich nicht ganz das Monster, das ich mir vorgestellt hatte, war sie dennoch eine imposante Erscheinung: eine Wassermokassinschlange

(*Agkistrodon piscivorus*), eine giftige Grubenotter, gut anderthalb Meter lang und so dick wie mein Arm, mit faustgroßem Kopf. Es war die größte Schlange, die ich jemals in freier Wildbahn zu Gesicht bekommen hatte. Nach meiner späteren Schätzung dürfte ihre Länge nur knapp unter der veröffentlichten Maximallänge für diese Art gelegen haben. Die Schlange lag jetzt ruhig in dem seichten, klaren Wasser und war in ihrer ganzen Länge sichtbar; sie hatte ihren Körper entlang dem Pflanzensaum ausgestreckt und beobachtete, den Kopf schiefwinkelig nach hinten gekrümmt, meine Annäherung. Mokassinschlangen haben diese Eigenart. Anders als gewöhnliche Wasserschlangen fliehen sie nicht immer außer Sichtweite. Obgleich ihr gefrorenes Halblächeln und ihre starren gelben Katzenaugen keinerlei Emotionen verraten, wirken sie in ihren Reaktionen und ihrer Haltung geradezu dreist – so, als sähen sie in der Vorsicht von Menschen und anderen großen Freßfeinden einen Spiegel ihrer Macht.

Ich hielt mich an die übliche Vorgehensweise des Schlangenfängers: ich drückte den Schlangenstock hinter dem Kopf quer über den Körper nieder und zog nach vorn, um den Kopf zu fixieren, umfaßte den Hals unmittelbar hinter den schwellenden Kaumuskeln, ließ den Stock fallen, ergriff mit der anderen Hand den Körper auf halber Höhe und hob das ganze Tier aus dem Wasser heraus. Diese Technik funktioniert fast immer. Die Reaktion der Mokassinschlange jedoch kam für mich derart überraschend, daß sie mich unmittelbar in Lebensgefahr brachte. Ihren massigen

Leib unvermittelt krampfartig zusammenziehend, wand sie Kopf und Hals ein kurzes Stück durch meine gekrümmten Finger hindurch, riß ihr Maul weit auf und entblößte drohend ihre 2,5 Zentimeter langen Giftzähne und die mattweiße Schleimhaut, die ihr in Amerika den Spitznamen »Baumwollmaul« eingetragen hat. Der moschusartige Gestank aus ihren Analdrüsen verpestete die Luft. Mit einem Male erschien mir die morgendliche Hitze noch drückender, zugleich ging mir der ganze Leichtsinn meiner Handlungsweise auf, und schließlich fragte ich mich, was ich so mutterseelenallein an diesem Ort verloren hatte. Wer würde mich finden? Die Schlange hatte unterdessen ihren Kopf meinem Zugriff so weit entwunden, daß sie ihre Zähne ohne weiteres hätte in meine Hand schlagen können. Ich war für mein Alter nicht sonderlich kräftig, und das Reptil entglitt meiner Kontrolle. Ohne nachzudenken schleuderte ich das riesige Exemplar ins Buschwerk, und diesmal suchte es schleunigst das Weite, bis es außer Sichtweite war und wir einander los waren.

Ich setzte mich hin; der Adrenalinschub ließ mein Herz rasen und meine Hand zittern. Wie hatte ich nur so töricht sein können? Welche Eigenschaften machen Schlangen zu so abstoßenden und zugleich faszinierenden Tieren? Im Rückblick ist die Antwort enttäuschend einfach: ihre Fähigkeit, sich versteckt zu halten, die Kraft ihrer geschmeidigen, extremitätenlosen Körper und das gefährliche Gift, das von spitzen Hohlzähnen unter die Haut injiziert wird. Das Interesse an

Schlangen und die emotionale Reaktion auf ihr abstraktes Bild, die über gewöhnliche Vorsicht und Furcht hinausgeht, ist eine Frage der puren Selbsterhaltung. Die Regel, die unserem Gehirn in Form einer erlernbaren Verhaltensdisposition eingeprägt ist, lautet: Sei auf der Hut vor jedem schlangenförmigen Objekt. Lerne diese spezifische Reaktion so gründlich, daß sie den Charakter eines Reflexes annimmt, wenn dir dein Leben lieb ist.

Andere Primaten haben ähnliche Regeln entwickelt. Wenn Meerkatzen, die gewöhnlichen Affen des afrikanischen Urwalds, einen Python, eine Kobra oder eine Puffotter erspähen, stoßen sie einen spezifischen Warnruf aus, der ihre Horde alarmiert. (Vor Adler und Leoparden warnen sie mit anderen Rufen.) Einige der erwachsenen Exemplare folgen dem Eindringling dann in sicherer Entfernung, bis er ihr Revier verläßt. Der Warnruf, mit dem die Affen die Anwesenheit einer gefährlichen Schlange signalisieren, schützt die gesamte Horde und nicht bloß das Individuum, das der Gefahr begegnet ist. Besonders bemerkenswert ist die Tatsache, daß die Schlangenarten, die eine Bedrohung für die Affen darstellen, die heftigsten Warnrufe auslösen. Irgendwie, offenbar über instinktive Verhaltenssteuerung, sind die Meerkatzen zu versierten Herpetologen geworden.

Untersuchungen an Rhesusaffen, den großen braunen Affen Indiens und der angrenzenden asiatischen Länder, untermauern die These, daß die Abneigung gegen Schlangen den Verwandten des Menschen angeboren sei. Wenn ausgewachsene Individuen eine beliebige Schlange erspähen, sprechen sie darauf mit der allgemeinen Furchtreaktion ihrer Spezies an. Sie zeigen ein vielfältiges Verhaltensrepertoire: sie fliehen, sie starren den Eindringling an (oder wenden ihr Gesicht ab), sie bedecken ihr Gesicht, sie bellen, stoßen gellende Schreie aus und verziehen das Gesicht zu einer Angstgrimasse – sie ziehen die Lefzen hoch, fletschen die Zähne und legen die Ohren an. Im Labor aufgezogene Affen, die noch nie einer Schlange begegnet sind, zeigen, wenn auch in abgeschwächter Form, dieselbe Reaktion wie ihre in freier Wildbahn gefangenen Artgenossen. Bei Kontrollversuchen, mit denen die Eigentümlichkeit der Reaktion überprüft werden sollte, sprachen die Rhesusaffen auf andere, nicht schlangenförmige Objekte, die in ihre Käfige gelegt wurden, nicht an. Die Form der Schlange und möglicherweise auch ihre charakteristischen Bewegungen sind die Schlüsselreize, die das angeborene Reaktionsmuster der Affen auslösen.

Nehmen wir vorläufig einmal als erwiesen an, daß die Abneigung gegen Schlangen zumindest bei gewissen Primatenarten eine erbliche Grundlage hat. Daraus folgt unmittelbar, daß dieses Merkmal womöglich durch natürliche Auslese entstanden ist. Anders ausgedrückt: Individuen, die eine Furchtreaktion zeigen, hinterlassen mehr Nachkommen als solche, die dies nicht tun; daher breitet sich diese Anlage rasch in der Population aus – oder sie hält sich, falls sie bereits vorhanden war, auf einem hohen Niveau.

Wie können Biologen eine solche Hypothese über den Ursprung einer Verhaltensweise überprüfen? Sie stellen die Naturgeschichte auf den Kopf: Sie suchen nach Arten, deren Umwelt über lange Zeiträume hinweg frei von den Faktoren war, von denen man annimmt, daß sie den evolutionären Wandel begünstigen, um herauszufinden, ob die Organismen dieses Merkmal *nicht* aufweisen. Lemuren, primitive Verwandte der Meerkatzen, bieten eine solche umgekehrte Möglichkeit. Sie sind auf Madagaskar heimisch, wo keine Riesen- und Giftschlangen vorkommen, die sie bedrohen könnten. Tatsächlich zeigen gefangene Lemuren beim Anblick von Schlangen nichts, was den automatischen Furchtreaktionen der afrikanischen und asiatischen Affen ähneln würde. Genügt dies als Beweis? Die nüchterne Sprache der Wissenschaft erlaubt uns lediglich die Feststellung, daß die »empirischen Daten mit der Hypothese konsistent sind«. Weder diese noch eine andere, ähnliche Hypothese läßt sich anhand eines Einzelfalls bestätigen. Nur durch zahlreiche weitere Beispiele läßt sich ihre Plausibilität soweit erhärten, daß selbst eingefleischte Skeptiker sie nicht mehr in Frage stellten.

Weitere Indizien, die die Hypothese stützen, stammen aus Studien an Schimpansen – einer Art, die sich vermutlich erst vor fünf Millionen Jahren von der gemeinsamen Stammform mit den Vorläufern des Menschen trennte. Im Labor aufgewachsene Schimpansen zeigen in Gegenwart von Schlangen Anzeichen von Furcht, auch wenn sie zuvor noch nie eine Schlange gesehen haben. Sie gehen auf sicheren Abstand und folgen dem Eindringling mit gebanntem Blick, während sie zugleich ihre Artgenossen mit *Wah*!-Rufen warnen. Noch bedeutsamer freilich ist die Tatsache, daß sich die Reaktion im Verlauf der Adoleszenz immer deutlicher ausprägt.

Letzteres Merkmal ist besonders aufschlußreich, weil der Mensch annähernd den gleichen Entwicklungsgang durchläuft. Kinder unter fünf Jahren haben keine besondere Furcht vor Schlangen, doch dann entwickeln sie eine zunehmende Wachsamkeit. Eine oder zwei leicht negative Erfahrungen, wie etwa der Anblick einer Strumpfbandnatter, die sich durch das Gras schlängelt, eine von einem Spielkameraden geworfene Gummischlange oder schaurige Geschichten, die ein Betreuer am Lagerfeuer erzählt, können in Kindern eine tiefe und dauerhafte Furcht vor Schlangen erzeugen. Dieses Muster ist ungewöhnlich, wenn nicht sogar einzigartig in der Ontogenese des menschlichen Verhaltens. Andere weitverbreitete Ängste von Kindern, vor allem vor der Dunkelheit, vor Fremden und vor lauten Geräuschen, beginnen im Alter von sieben Jahren zu verschwinden. Die Neigung, Schlangen zu meiden, dagegen wird im Lauf der Zeit immer stärker. Es ist möglich, diesen natürlichen Gang der Dinge umzukehren und zu lernen, ohne Furcht mit Schlangen umzugehen und sie sogar auf eine spezielle Art zu mögen, wie es mir gelang – aber diese Anpassung erfordert besondere Anstrengungen und wirkt meist ein wenig gezwungen und gehemmt. Diese eigentümliche

Empfindlichkeit kann auch zu einer vollentwickelten Schlangenphobie führen, dem pathologischen Extremfall, bei dem schon der bloße Anblick einer Schlange ein Gefühl panischen Schreckens, kalten Schweiß und schubweise auftretenden Brechreiz hervorruft. Ich habe solche Fälle selbst miterlebt.

Eine 1,2 Meter lange Schwarznatter glitt an einem Sonntagnachmittag, aus dem Unterholz kommend, quer über einen Campingplatz in Alabama und hielt auf das hohe Gras am Ufer eines nahegelegenen Wasserlaufs zu. Kinder schrien und zeigten mit den Händen auf das Reptil. Eine Frau mittleren Alters stieß einen gellenden Schrei aus und brach schluchzend zusammen. Ihr Ehemann rannte zu seinem Lieferwagen, um ein Gewehr zu holen. Doch Schwarznattern gehören zu den schnellsten Schlangen der Welt, und dieser gelang es, ins schützende Dickicht zu entkommen. Die Zuschauer wußten vermutlich nicht, daß es sich um eine ungiftige Schlange handelte, die für alle Lebewesen, die größer sind als eine Baumwollratte, ungefährlich ist.

Auf der gegenüberliegenden Seite der Erde, in dem Dorf Ebabaang auf Neuguinea, sah ich, wie Einheimische schreiend einen Pfad hinunterrannten. Als ich sie einholte, hatten sie einen Kreis um eine kleine Braunschlange gebildet, die sich gemächlich durch den Vorgarten eines Hauses schlängelte. Ich fing die Schlange ein und nahm sie mit, um sie für die naturkundlichen Sammlungen von Harvard in Alkohol zu konservieren. Diese scheinbar wagemutige Tat löste bei meinen Gastgebern entweder Bewunderung oder Mißtrauen aus – ich konnte nicht mit Sicherheit sagen, welches von beiden. Am nächsten Tag folgten mir Kinder, als ich im nahegelegenen Wald Insekten sammelte. Eines brachte mir eine riesige Netzspinne, die es in seiner hohlen Hand hielt; das Ungetüm taumelte auf seinen behaarten Beinen hin und her und zuckte bedrohlich mit seinen schwarzen Giftklauen. Schrecken und Ekel überkamen mich. Ich selbst leide also an einer leichten Spinnenfurcht. Jedem das Seine.

Weshalb wirken Schlangen so stark auf unsere geistig-seelische Entwicklung ein? Die direkte und einfachste Antwort auf diese Frage lautet, daß während der gesamten Menschheitsgeschichte einige Schlangenarten eine wichtige Ursache von Krankheit und Tod waren. Alle Kontinente mit Ausnahme der Antarktis beheimaten Giftschlangen. In weiten Gebieten Asiens und Afrikas liegt die bekannte Todesrate durch Schlangenbiß bei jährlich fünf Personen je 100000 Einwohnern. Der regionale Rekord wird von einer Provinz in Birma gehalten, die 36,8 Todesfälle je 100000 Einwohner verzeichnet. Australien ist ungewöhnlich reich an hochgiftigen Schlangen, die in ihrer Mehrzahl Verwandte der Kobras sind. Wegen ihrer Größe und da sie ohne Vorwarnung zuzubeißen pflegt, ist die Tigerotter dort besonders berüchtigt. Süd- und Mittelamerika sind die Heimat von Buschmeister, Lanzenotter und Jararaca, die zu den größten und angriffslustigsten Grubenottern gehören. Mit einer Rückenfärbung, die an vermodernde Blätter erinnert, und Giftzähnen, die so lang sind, daß sie die Hand eines Menschen durchbohren können, lauern sie auf dem Boden des Tropenwaldes auf kleine warmblütige Säugetiere, die ihre wichtigste Beute darstellen. Nur wenige Menschen wissen, daß ein Komplex gefährlicher Schlangen, die »echten« Vipern, in ganz Europa noch immer relativ häufig vorkommen. Das Verbreitungsgebiet der Kreuzotter (*Vipera berus*) erstreckt sich sogar bis zum Polarkreis. Noch immer werden selbst in Ländern wie der Schweiz und Finnland so viele Menschen von Schlangen gebissen – mehrere hundert pro Jahr –, daß Wanderer unterschwellig auf der Hut davor sind. Sogar Irland, eines der wenigen Länder der Erde, in denen es überhaupt keine Schlangen gibt (dank der Vereisung im Pleistozän und nicht etwa dank des heiligen Patrick), hat zentrale Schlangensymbole und -traditionen von anderen europäischen Kulturen übernommen und die Furcht vor Schlangen in Kunst und Literatur bewahrt.

Die Verwandlung der Geschöpfe der Natur in kulturelle Symbole dürfte folgendermaßen vonstatten gegangen sein: Über Hunderttausende von Jahren hinweg – einen Zeitraum, der lange genug war, um im Gehirn die entsprechenden genetischen Veränderungen auszulösen – waren Giftschlangen eine wichtige Ursache von Verletzungen und Todesfällen bei Menschen. Der Mensch reagierte auf diese Bedrohung nicht einfach damit, daß er die gefährlichen Tiere mied, so, wie er gewisse Beeren allmählich infolge Ausprobierens als giftig erkannt hat. Menschen zeigen die gleiche Mischung aus Furcht und morbider Faszination, die nichtmenschlichen Primaten eigen ist. Sie erben eine starke Bereitschaft, die Abneigung in der frühen Kindheit zu erwerben und sie, wie unsere engsten phylogenetischen Verwandten, die Schimpansen, in immer stärkerem Maße auszuprägen. Unser Kopf fügt dann eine Menge spezifisch menschlicher Dinge hinzu. Er nutzt die Emotionen als Quelle kultureller Schöpfungen. Das plötzliche Auftauchen der Schlange in Träumen, ihre gewundene Gestalt und ihre Macht und Rätselhaftigkeit sind die natürlichen Bestandteile von Mythos und Religion.

Betrachten wir nun, auf welche Weise Sinneswahrnehmungen und Gefühlszustände in Träumen zu Geschichten verarbeitet werden. Der Träumende hört einen fernen Donnerschlag und wandelt daraufhin eine laufende Episode so ab, daß sie mit dem Zuschlagen einer Tür endet. Er verspürt eine unbestimmte Angst und findet sich plötzlich im Korridor eines Schulgebäudes wieder, in dem er nach einem Klassenzimmer sucht, das er nicht kennt, um eine Prüfung abzulegen, auf die er sich nicht vorbereitet hat. Wenn das schlafende Gehirn in seine regelmäßigen Traumphasen eintritt, die durch rasche Augenbewegungen bei geschlossenen Lidern gekennzeichnet sind, feuern riesige Nervenfasern im unteren Hirnstamm nach oben in den Cortex. Nach dem Aufwachen ruft das Gehirn Erinnerungen ab und erfindet Geschichten um die Ursachen von körperlichem und seelischem Unbehagen. Es bemüht sich, die Elemente vergangener, realer Erfahrungen in einer oftmals konfusen und grotesken Weise zu rekonstruieren. Und von Zeit zu Zeit taucht die Schlange als Verkörperung eines oder mehrerer dieser Gefühle auf. Die direkte und buchstäbliche Furcht vor Schlangen ist das häufigste dieser Gefühle, aber hinter dem Traumbild können sich auch sexuelles Begehren, ein heftiges Verlangen nach Herrschaft und Macht und die Furcht vor einem gewaltsamen Tod verbergen.

Wir müssen nicht auf die Freudsche Theorie zurückgreifen, um unsere besondere Beziehung zu Schlangen zu erklären. Die Schlange entstand nicht als Medium von Träumen und Symbolen. Die Beziehung scheint vielmehr genau umgekehrt zu sein und sich entsprechend leichter analysieren und erklären zu lassen. Die konkreten Erfahrungen von Menschen mit Giftschlangen brachten die Freudschen Phänomene hervor, nachdem sie durch genetische Evolution in der Struktur des Gehirns verankert worden waren. Das Bewußtsein erzeugt Symbole und Phantasien nicht aus dem Nichts. Vielmehr stützt es sich auf bereits vorhandene, sinnträchtige Bilder oder folgt doch zumindest den Lernregeln, die die Bilder erzeugen, einschließlich des Bildes der Schlange. Den größten Teil des 20. Jahrhunderts haben wir, vielleicht zu sehr bestrickt von der Psychoanalyse, den Traum mit der Wirklichkeit und dessen psychische Wirkung mit der grundlegenden Ursache, die in der Natur wurzelt, verwechselt.

Bei vorwissenschaftlichen Völkern, für die Träume den Zugang zur Welt der Geister darstellen und

Schlangen zur Alltagserfahrung gehören, hat die mythische Schlange eine zentrale Rolle beim Aufbau ihrer Kultur gespielt. Es gibt magische Zaubersprüche, die Gefahren bannen sollen, wie etwa in den Hymnen der Atharva Veda: »Mit meinem Auge töte ich dein Auge, mit meinem Gift töte ich dein Gift. O Schlange, stirb, vergeh; dein Gift soll sich gegen dich kehren.«

»Indra erschlug deine Urahnen, o Schlange«, fährt das Lied fort, »und da sie zermalmt sind, wahrlich welche Kraft könnten sie da noch besitzen?« Die Macht der Schlange läßt sich also durch Iatromantie und Zaubersprüche kontrollieren und sogar zum Nutzen des Menschen einsetzen. Zwei Schlangen umwinden den Merkurstab, der ursprünglich der mit Flügeln versehene Stab des Götterboten Merkur war, dann das Zeichen des freien Geleits für Gesandte und Herolde und schließlich das allgemeine Emblem des Ärztestandes (der es mit dem Stab des Asklepios, des griechischen Gottes des Heilkunst, der von einer einzelnen Schlange umwunden war, verwechselte).

Balaji Mundkur hat gezeigt, wie sich die angeborene Furcht vor Schlangen weltweit in einer reichhaltigen künstlerischen und religiösen Schöpfung niederschlug. Schlangenformen winden sich über steinernes Schnitzwerk aus dem altsteinzeitlichen Europa und sind in Mammutzähne eingeritzt, die in Sibirien gefunden wurden. Sie sind die Embleme von Macht und Ritus der Schamanen der Kwakiutl, der sibirischen Jakuten und Jenissej-Ostjaken sowie zahlreicher australischer Aborigines-Stämme. Stilisierte Schlangen wurden oft als Talismane der Götter und Geister, die Fruchtbarkeit schenken, verwendet: Astarte der Kanaaniter, die Dämonen Fu-Hsi und Nu-kua der Han-Chinesen und die mächtigen Göttinnen Mudamma und Manasa des hinduistischen Indien. Die alten Ägypter verehrten mindestens dreizehn Schlangen-Gottheiten, die Gesundheit, Fruchtbarkeit und reiche Ernte in verschiedener Kombination spendeten. Unter ihnen ragte die dreiköpfige Riesin Nehebkau hervor, die ausgedehnte Reisen unternahm, um jeden Gau des Reichs am Nil in Augenschein zu nehmen. Goldamulette, in die das Zeichen eines Uräus-Gottes eingraviert war, wurden in den Sarkophag von Tutanchamun gelegt. Sogar die Skorpion-Göttin Selket trug den Titel »Schlangenmutter«. Wie ihre Nachkommen wurde sie als Quell von Unheil, Macht und Güte zugleich verehrt.

Das Pantheon der Azteken war eine Phantasmagorie monströser Formen, unter denen die Schlange den herausragenden Platz einnahm. Die Kalendersymbole umfaßten die schlangenförmigen Glyphen *olin nahui* und *cipactli*, das Erdkrokodil, das eine gespaltene Zunge und den Schwanz einer Klapperschlange besaß. Der Regengott Tlaloc bestand zum Teil aus zwei eingerollten Klapperschlangen, deren Köpfe die Oberlippe des Gottes bilden. *Coatl*, Schlange, ist das dominante Element in den Namen der aztekischen Gottheiten. Coatlicue war eine bedrohliche Chimäre aus Schlangen- und Menschengliedern, Cihuacoatl die

Göttin der Geburt und Mutter des Menschengeschlechts, und Xiuhcoatl die Feuerschlange, über deren Körper alle zweiundfünfzig Jahre das Feuer neu entzündet wurde, um einen neuen »Abschnitt« im religiösen Kalender zu beginnen. Quetzalcoatl, die gefiederte Schlange mit dem menschlichen Gesicht, war als Gott des Morgen- und Abendsterns Herr über Tod und Wiedergeburt. Als Erfinder des Kalenders, Gott der Bücher und der Gelehrsamkeit und Schutzpatron der Priesterschaft, verehrte man ihn in den Schulen, in denen Adlige und Priester unterrichtet wurden. Sein angebliches Verschwinden auf einem Schlangenfloß im östlichen Meer muß unter den zeitgenössischen Intellektuellen eine Bestürzung ausgelöst haben, wie sie heutzutage etwa der Zusammenbruch der Guggenheim Foundation hervorrufen würde.

Auch die altgriechische Religion zeichnete sich durch gegensätzliche Schlangenbilder aus. Zu den Frühformen von Zeus gehörte die Schlange Meilichios, zugleich sanfter Gott der Liebe, der Bittgebete erhört, und Gott der Rache, dem nachts Opfer dargebracht wurden. Eine andere große Schlange bewachte das reinigende Wasser, das in der Quelle des Ares entsprang. Sie koexistierte mit den Erinnyen, Rachegeistern der Unterwelt, die so scheußlich waren, daß sich in der Frühzeit der griechischen Mythologie keine Beschreibungen von ihnen finden. Euripides schilderte sie in seiner *Iphigenie bei den Taurern* als Schlangen: »Die da, des Hades Schlange, die, mit Natternbrut bewehrt, daherstürmt und mich Armen morden will?«

Verschlagenheit, Verstellung, Bosheit, Verrat, die von einer gespaltenen, aus dem maskenähnlichen Kopf vor- und wieder zurückschnellenden Zunge ausgehende Bedrohung, alle Eigenschaften, die etwas von den magischen Kräften des Heilens und Führens, des Prophezeiens und Befähigens an sich haben, verschmolzen zum vorherrschenden Bild der Schlange in den westlichen Kulturen. Die Schlange im Garten Eden, die wie in einem Traum erscheint, um als böser Prometheus des Judentums aufzutreten, verhieß der Menschheit die Erkenntnis von Gut und Böse und lastete ihr damit die Bürde der Erbsünde auf, wofür Gott sie bestrafte:

Feindschaft setze ich zwischen dich und die Frau,
zwischen deinen Nachwuchs und ihren Nachwuchs.
Er trifft dich am Kopf,
und du triffst ihn an der Ferse. (Genesis 3,15)

Ein Stück Natur wird Teil von uns – so könnte man die Beziehung zwischen Mensch und Schlange auf den Punkt bringen. Die Kultur verwandelt die reale Schlange in die mythische Schlange, eine sehr viel mächtigere Schöpfung als das Reptil als solches. Die Kultur als Produkt des Geistes läßt sich als eine bilderzeugende Maschine auffassen, die die Außenwelt mit Hilfe von Symbolen in Repräsentationen und Erzählungen wiedererstehen läßt. Aber der Geist ist nicht in der Lage, die Wirklichkeit in ihrer chaotischen Fülle zu begreifen; und die Lebenszeit des Körpers ist zu begrenzt, als daß das Gehirn wie ein Universalrechner Informationen sukzessive verarbeiten könnte. Vielmehr konzentriert sich das Bewußtsein auf bestimmte Arten von Information, die es mit hinlänglicher Effizienz verarbeitet, um sein Überleben sicherzustellen. Es unterwirft sich bereitwillig einigen wenigen Neigungen, während es andere automatisch meidet. Genetik und Physiologie haben zahlreiche Beweise dafür zusammengetragen, daß die bestimmenden Faktoren biologischer Natur sind und über Eigentümlichkeiten der Zellarchitektur im Sinnesapparat und im Gehirn verankert sind.

Die Gesamtheit dieser Dispositionen nennen wir menschliche Natur. Die zentralen Tendenzen, die in der Schlangenfurcht und -verehrung auf so schlagende Weise zum Ausdruck kommen, sind die Quelle der Kultur. Daher bringen einfache Wahrnehmungen eine unendliche Fülle von Bildern mit besonderen Bedeutungen hervor, während sie gleichzeitig weiterhin den Kräften der natürlichen Selektion, die sie hervorbrachten, unterliegen.

Wie könnte es auch anders sein? Das Gehirn entwickelte sich über einen Zeitraum von etwa zwei Millionen Jahren zu seiner heutigen Form, beginnend beim *Homo habilis* bis zum *Homo sapiens* der Spätsteinzeit, in der die Menschen als Jäger und Sammler in Horden lebten, die in engem Kontakt zur natürlichen Umwelt standen. Schlangen spielten eine wichtige Rolle. Der Geruch von Wasser, das Summen einer Biene, die Ausrichtung eines Pflanzenstengels waren bedeutsame Anzeichen. Die Ekstase des Naturkundigen besaß adaptiven Charakter: der flüchtige Anblick eines kleinen, im Gras versteckten Tiers konnte über einen vollen oder leeren Magen am Abend entscheiden. Und ein süßes Gefühl des Schreckens, der von Monstern und Kriechtieren ausgehende wonnevolle Schauder, der uns selbst heute noch in den sterilen Herzen der Städte überkommt, konnte einen bis zum nächsten Morgen am Leben halten. Lebewesen sind der natürliche Rohstoff für Metaphern und Rituale. Obgleich der endgültige Beweis noch lange nicht erbracht ist, scheint das Gehirn seine alten Fähigkeiten, seine kanalisierte Schnelligkeit bewahrt zu haben. In den verschwundenen Wäldern der Erde bleiben wir auf der Hut und dadurch am Leben.

Zum Lobpreis der Haie

Zwei Biochemiker nehmen an einem wissenschaftlichen Kongreß in der Karibik teil. Sie sitzen am Kai und lassen ihre Füße ins Wasser baumeln, während sie die Vorträge des Tages besprechen. Plötzlich schießt ein dunkler Schatten unter der Oberfläche auf sie zu, gefolgt von einem Wasserstrudel; das linke Bein von einem der beiden Männer wird mit einem Ruck nach unten gezogen.

»O Gott!« schreit der betroffene Wissenschaftler. »Ein Hai hat mir gerade einen Zeh abgebissen.«

»Mein Gott, nein!« entfährt es dem anderen, ins Wasser spähend. »Welcher war es?«

»Wie soll ich das wissen?« antwortet der erste, nachdem er einen Augenblick lang nachgedacht hat. »Wenn man einen Hai gesehen hat, hat man alle gesehen.«

Ich erzähle diese kleine Geschichte oft in meinen Seminaren, um den Unterschied zwischen Wissenschaftlern, die, wie die Biochemiker, nach allgemeingültigen formalen und funktionalen Prinzipien suchen – Merkmale des Haies schlechthin beispielsweise –, und anderen Wissenschaftlern, die die Vielfalt der Arten betonen, zu verdeutlichen. Letztere, die Evolutionsbiologen, interessieren sich mehr dafür, wie Arten entstehen und wie die Vielfalt im Zeitablauf erhalten bleibt.

Tatsächlich gibt es nach jüngsten Zählungen etwa 350 Haiarten – nicht eingerechnet ihre engen Verwandten, die Rochen –, zwischen denen Unterschiede existieren, wie sie tiefgreifender nicht sein könnten. Um einen Eindruck von dieser Vielfalt zu bekommen, können wir mit einem Lebewesen beginnen, das passenderweise als »Mülltonne des Meeres« bezeichnet wird, dem Tigerhai (*Galeocerdo cuvieri*). Die Tigerhaie, die eine Länge von über sechs Metern und ein Gewicht von fast einer Tonne erreichen können, durchstreifen oft die abfallreichen Gewässer von Häfen, wo sie von praktisch allem angelockt werden, was tierisches Eiweiß enthält, oder, um genauer zu sein, von allen beliebigen Gegenständen einer bestimmten Größe. In den Mägen gefangener Exemplare fand man Fische, Stiefel, Bierflaschen, Kartoffelsäcke, Kohlen, Hunde und selbst menschliche Gliedmaßen. Ein Riese enthielt folgende Beute: drei Mäntel, einen Regenmantel, einen Führerschein, den Huf einer Kuh, das Geweih eines Hirschs, zwölf unverdaute Hummer und einen Hühnerkäfig einschließlich Federn und Knochen. Es ist nicht verwunderlich, daß der Tigerhai sich gelegentlich auch einen Schwimmer schnappt, aber es läßt sich mit Sicherheit sagen, daß er es nicht auf diesen abgesehen hatte. Der Tigerhai ist schlicht ein unersättlicher Allesfresser, aber er ist nicht gezielt auf Menschen aus.

Dann gibt es den Kleinen Leuchthai (*Isistius brasiliensis*), einen 45 Zentimeter langen Parasiten von Delphinen, Walen und großen Fischen wie dem Blauflossenthun. (Ein Parasit ist ein Räuber, der seine Beute in Einheiten kleiner Eins verzehrt, sie also nicht tötet, zumindest nicht unmittelbar.) Der Unterkiefer dieses kleinen Fisches ist mit kreisförmig angeordneten, sehr großen Zähnen besetzt, die er in die Körper seiner Opfer bohrt, aus denen er dann 2,5 bis fünf Zentimeter breite kegelförmige Pfropfen aus Haut und Fleisch herausraspelt. Viele Jahre lang hatte man über die Ursache der kreisförmigen Narben auf der Haut von Delphinen und Walen gerätselt; einige glaubten, sie seien auf bakterielle Infektionen oder wirbellose Parasiten zurückzuführen, bis 1971 die Lebensweise des Kleinen Leuchthaies aufgeklärt wurde. Diese kleinen Haie attackieren sogar Atom-U-Boote, wobei sie Stücke aus dem Gummiüberzug der Sonarkuppeln herausbeißen.

Trotz ihrer geringen Größe sind die Kleinen Leuchthaie keineswegs die kleinsten Haie. Diese Auszeichnung gebührt vermutlich einer unbekannten Art, dem Zwerghai (*Squaliolus laticaudus*), der eine bekannte Höchstlänge von nur dreißig Zentimetern erreicht. Am entgegengesetzten Ende der Größenskala steht der Walhai (*Rhincodon typus*), der größte Fisch der Erde; verbürgten Berichten zufolge erreichen Walhaie eine Länge von achtzehn Metern und ein Gewicht von über zehn Tonnen. Allerdings stellt dieser Gigant für Menschen oder andere Lebewesen, die größer sind als die kleinen Fische und Planktontiere, von denen sich Walhaie ernähren, keine Bedrohung dar. In Größe und Ernährungsweise gleicht *Rhincodon* den Glattwalen. Er schwimmt gemächlich, meist unmittelbar unter der Wasseroberfläche, wobei er große Mengen Wasser durch sein Maul strömen läßt, um seine kleinen Beutetiere herauszuseien. Unerschrockene Schwimmer sind neben ihm ins Wasser gesprungen, haben sich an seinen Rückenflossen festgehalten und sich so eine Strecke durchs Wasser ziehen lassen.

Die Gruppe der Haie veranschaulicht auf geradezu idealtypische Weise ein Phänomen, das die Evolutionsbiologen »adaptive Radiation« nennen: die Auffächerung in Arten, die jeweils völlig unterschiedliche ökologische Nischen besetzen. Vögel sind dafür ein bekanntes Beispiel; sie haben eine Fülle unterschiedlicher Anpassungsformen hervorgebracht, darunter Raubvögel, Aasfresser, Insektenfresser, Samenfresser, Strauße und andere große flugunfähige Arten, amphibische Pinguine, triphibische Alken (die auf dem Land, im Wasser und in der Luft leben), nektarfressende Kolibris und Nektarvögel sowie andere Typen, die in Körperbau und Verhalten ähnlich weitgehend spezialisiert sind. Diese Mannigfaltigkeit verringert den Konkurrenzdruck zwischen den Mitgliedsarten und ermöglicht somit eine dichtere Bepackung lokaler Habitate mit verschiedenen Arten – das heißt, sie gewährleistet das Nebeneinander von mehr Arten über lange Zeiträume und mindert die Wahrscheinlichkeit des Aussterbens. Auf einem Archipel wie Galápagos oder

Hawaii, der so weit vom Festland entfernt ist, daß er über lange Zeiträume nur von wenigen Arten erreicht werden kann, können sich erfolgreiche Kolonisten rascher aufspalten und viele der wichtigsten Nischen besetzen. Noch spektakulärer als die berühmten Darwinfinken auf den Galápagosinseln sind die Kleidervögel Hawaiis; sie umfassen mehr als zwanzig Arten, die sich aus einer einzigen zeisigähnlichen Spezies entwickelten, die vor Jahrmillionen entweder aus Asien oder aus Nordamerika einwanderte.

Die Haie haben eine der größten adaptiven Radiationen überhaupt verwirklicht. Die 350 Spezies besetzen die meisten der wichtigsten Nischen, die überhaupt von Fischarten besetzt werden, zuzüglich die der Wale und Delphine. Neben den bekannten Tigerhaien und anderen Arten von typischem Erscheinungsbild und Verhalten gibt es Stierkopfhaie, Nagelhaie, Ammenhaie, Katzenhaie, Dornhaie, Unechte Dornhaie, Sägehaie, Makrelenhaie, Nasenhaie, Grönlandhaie, Zwerghaie und viele andere mehr.

Denken Sie an die ökologischen Nischen, die ein mittelgroßer bis großer Knochenfisch besetzen kann, und Sie finden ein bis zwei Haiarten, die ebensogut oder noch besser an diese Nischen angepaßt sind. Auf dem Boden der Tiefsee leben die aalförmigen Kragenhaie mit dem für Tiefsee-Raubfische typischen Riesenmaul und den nadelspitzen Zähnen. Viele hundert Meter über ihnen kreuzen Blauhaie, Schwarzspitzenhaie und andere stromlinienförmige Arten, die, wie Makrele und Blaubarsch, schnelle und wendige Räuber sind. Die Küstensockel sind die Heimat der Engelhaie, träger Formen mit quadratischen, abgeflachten Körpern, die oberflächlich betrachtet Zitterrochen gleichen; sie teilen ihr Revier mit den Sägehaien, die aufgrund ihrer grotesken, von auswärts gerichteten Zähnen gesäumten Schnauzen nur schwer vom »echten« Sägefisch zu unterscheiden sind.

Derart breitgefächerte Radiationen bringen oftmals Grundtypen hervor, die in keiner anderen Gruppe anzutreffen sind. Der Fuchshai oder Drescher gehört zu den eindrucksvollsten Beispielen. Mit raschen Angriffen treibt er Fische und Kalmare zu Herden zusammen und betäubt dann seine Opfer durch Schläge mit seinem langen, peitschenartigen Schwanz. Aufgrund dieser Eigentümlichkeit verfangen sich Angelhaken oftmals im Schwanz und nicht im Maul des Fuchshaies. Das entgegengesetzte Extrem bilden die im westlichen Pazifik verbreiteten Australischen Ammenhaie oder Wobbegongs. Diese keulenförmigen Haie besitzen fleischige Bartfäden, die gleich Schnauzbärten und Koteletten um ihre Mäuler und seitlich an ihren Köpfen angeordnet sind. Ihre gesprenkelte Färbung, die sie gestaltlich mit dem Meeresboden verschmelzen läßt, hat ihnen im Englischen die Bezeichnung »carpet sharks« (wörtlich: »Teppichhaie«) eingetragen. Von lethargischem Temperament, »spazieren« sie auf ihren Bauchflossen über den Boden. Dennoch können Wobbegongs dem Menschen gefährlich werden. Wenn man unvorsichtigerweise auf sie tritt, schnellen sie mitunter herum, packen den Ruhestörer mit ihren nadelspitzen Zähnen und klammern sich mit der Kraft einer Bulldogge an ihm fest. Solche Angriffe sind nicht auf die leichte Schulter zu nehmen, denn der gefleckte Wobbegong kann über drei Meter lang werden.

Das Kriterium für eine *echte* adaptive Radiation ist dann erfüllt, wenn sich zumindest eine Art darauf spezialisiert hat, sich von anderen Mitgliedern derselben Gruppe zu ernähren. Treiberameisen fressen andere Ameisenarten, Königsnattern fressen andere Schlangen. Auch die Haie erfüllen dieses Kriterium: der in der Nähe der Mississippi-Mündung vorkommende Grundhai, der bis zu 450 Kilogramm schwer wird, ernährt sich vorzugsweise von einer Reihe kleinerer Haie. In tieferen Gewässern greifen sich Tiger- und Hammerhaie gelegentlich die gleichen Beutetiere.

Das höchste Produkt dieser evolutiven Entwicklung ist meines Erachtens der Weißhai (*Carcharodon carcharias*). Er wurde zu Recht ein Spitzenräuber, eine Tötungsmaschine und der letzte frei lebende Menschenfresser genannt. Der Weißhai ist mit Abstand der größte fleischfressende Fisch der Erde. Nach verbürgten Berichten erreicht er eine Länge von 6,5 Metern und ein Gewicht von 3300 Kilogramm; unbestätigten Berichten zufolge soll er sogar acht Meter lang und 4000 Kilogramm schwer werden. Der Weißhai hat einen weißen Bauch und einen schiefergrauen bis schwarzen Rücken. Seine Zähne, die jeweils ein sägezahnförmiges gleichschenkliges Dreieck bilden, stehen in Reihen am Rand des Mauls und wachsen, wenn sie abbrechen, rasch nach. Die Kopfspitze (Schnauze) verjüngt sich kegelförmig, ein auffälliges Merkmal, das dem Hai in Australien die Bezeichnung »white pointer« (wörtlich: »Weißer Zeiger«) eingetragen hat. Das Maul des Weißhaies ist meist leicht geöffnet und gleichsam zu einem clownhaften Grinsen erstarrt, wobei die Zähne deutlich zu sehen sind. Durch das geöffnete Maul strömt Wasser nach Art eines Staustrahlsystems an den Kiemen vorbei. Der Weißhai ist ein Warmblüter; seine Körpertemperatur liegt weit über der des umgebenden Wassers. Vielleicht aufgrund dieser Eigenschaft kommt er in den kühleren Gewässern der meisten Ozeane der Erde vor, wo er bis in eine Tiefe von 1300 Metern nach Beute sucht.

Carcharodon carcharias verzehrt eine breite Palette von Knochenfischen, anderen Haien, Meeresschildkröten und marinen Säugetieren wie Delphine, Seehunde und Seelöwen. Aufgrund der ausgesprochenen Vorliebe ausgewachsener Weißhaie für meeresbewohnende Säugetiere versammeln sich diese normalerweise solitären Geschöpfe in der Nähe von Robben- und Seelöwenkolonien, wie etwa vor den kalifornischen Farallon Islands und am Dangerous Reef vor Südaustralien. Der Weißhai stellt schlicht deshalb eine Gefahr für den Menschen dar, weil er nicht immer klar zwischen einem Seehund und einem Schwimmer unterscheidet.

Ein Weißhai nimmt potentielle Beutetiere auf große Entfernung mit seinem Geruchssinn wahr und schwimmt dann näher heran, um die Sache genauer zu erkunden. In einigermaßen klarem Wasser kann er einen Schwimmer oder Surfer aus einer Entfernung von sechs bis zwölf Metern sehen. Während andere Haie sich meistens vorsichtig nähern, ihre Beute umschwimmen und ihr einen Stoß versetzen, bevor sie angreifen, setzt der Weißhai direkt zur tödlichen Attacke an. Er rast nach oben auf die Beute zu, rollt seine Augen im letzten Augenblick nach hinten, läßt den Oberkiefer vorspringen (indem er Schnauze und Kopf anhebt), senkt den Unterkiefer und beißt einmal kräftig zu. Laut Tim Tricas und John McCosker vom Steinhard Aquarium in San Francisco, die das Freßverhalten von Weißhaien vor der südaustralischen Küste mit Hilfe von Filmaufnahmen dokumentierten, geht all dies blitzschnell vonstatten, normalerweise in weniger als einer Sekunde. Anschließend schwimmt der Fisch meist eine kurze Strecke davon und läßt sein Opfer verbluten. Diese Gewohnheit hat vielen Schwimmern das Leben gerettet, zumindest wenn andere Menschen in der Nähe sind, um ihnen zur Hilfe zu eilen. Auch die Retter profitieren davon, da sie nur selten angegriffen werden, selbst wenn sie das Opfer schwimmend ans Ufer bringen.

Eine Zeitlang glaubten einige Hai-Experten, dieses eigentümliche Verhalten der Weißhaie deute darauf hin, daß Menschen zwar Angriffen zum Opfer fallen konnten, aber im Grunde genommen nicht zum Beutespektrum der Weißhaie gehörten, und daß Menschenfleisch beziehungsweise das Neopren der Taucheranzüge dem Fisch vielleicht nicht schmecke. Andere Wissenschaftler vermuteten, daß der Hai Menschen nur attackierte, um sein Territorium zu verteidigen. McCosker hält beide Theorien für falsch und verweist auf die Art und Weise, wie der Weißhai Menschen angreift – von unten und von hinten, also auf genau die gleiche Weise, wie er seine üblichen Beutetiere, Robben und Seelöwen, erlegt. Weshalb? Weil, so McCosker, der Weißhai im Verlauf von Jahrmillionen gelernt habe, daß es mit seinem Jagdglück vorbei sei, sobald ein Seehund oder Seelöwe ihn erst einmal gesichtet habe, denn die wendigen Meeressäuger könnten dem schwerfälligen Hai leicht ausweichen und seinem mächtigen Kiefer entschlüpfen. Daher könnten nur Überraschungsangriffe dem Weißhai zum Erfolg verhelfen.

Leider hat er bislang nicht gelernt, feine Unterschiede zu machen, und er wird es wohl auch in Zukunft nicht tun. In den letzten Jahrzehnten sind Taucher in ihren gummiüberzogenen Anzügen Seehunden und Seelöwen immer ähnlicher geworden. Der Weißhai blickt nach oben, sieht die vermeintliche Silhouette seiner üblichen Beute, beißt zu, wartet ab, bis sein Opfer verblutet ist, und bringt die Sache zu Ende.

Was für ein Gefühl ist es, von einem Lebewesen angegriffen zu werden, das zwanzigmal so schwer ist wie ein Mensch? Als Frank Logan im Jahr 1968 am südlichen Ende der kalifornischen Bodega Bay nach Seeohren fischte, spürte er plötzlich einen sonderbaren, schneidenden Schmerz an seiner linken Körperseite. Er wandte sich um und sah, daß ein Großteil seines Rumpfes im Maul eines Hais verschwunden war, dessen Körper »im trüben Wasser unsichtbar war«. Er war von einem 5,5 bis sechs Meter langen Weißhai erfaßt worden. Logan schilderte diesen Zwischenfall folgendermaßen: »Der Hai schob mich seitwärts durchs Wasser, vielleicht drei bis sechs Meter weit, ich weiß nicht genau. Aber ich spürte, wie das Wasser an meinem Körper entlangströmte; ich ließ meine Muskeln erschlaffen und stellte mich tot. Ich wußte, daß er mich zerreißen würde, wenn er sein Maul schütteln würde. Alles geschah so schnell, daß ich gar keine Zeit hatte, in Panik zu geraten. Ich sagte zu mir: ›Laß mich los, bitte laß mich los!‹ – Ich weiß nicht, wie lange es dauerte, vielleicht zwanzig Sekunden. Dann ließ er von mir ab.« Logan entkam mit Hilfe von Freunden, aber es bedurfte zweihundert Stiche, um sämtliche Wunden zu nähen, die sich in einem fünfzig Zentimeter langen Bogen über seinen Körper erstreckten.

Obwohl der Weißhai aufgrund seiner Lebensweise eine besonders große Gefahr für Menschen darstellt und obgleich kein Sporttaucher, der bei vollem Verstand ist, in der Nähe eines Weißhais tauchen würde – außer vielleicht, wenn er sich hinter den Stangen eines starken Stahlkäfigs befindet –, sind Angriffe auf Menschen eher selten. In den letzten 375 Jahren fiel in Neuengland lediglich ein Mensch einem Weißhai zum Opfer, der sechzehnjährige Joseph Troy jr., der am 25. Juli 1936 beim Schwimmen in der Buzzards Bay, Massachusetts, getötet wurde. Selbst an der kalifornischen Küste, wo die Angriffsraten zu den weltweit höchsten zählen, gibt es im Schnitt nur alle acht

Jahre einen tödlichen Unfall. Dagegen werden jährlich zehn bis zwanzig Weißhaie von Fischern erlegt. Da die Haie zudem sehr viel seltener sind als im Meer badende Menschen, schneiden sie eindeutig schlechter ab; allerdings könnte sich das Gleichgewicht verändern. McCosker ist der Ansicht, daß die Populationen küstenbewohnender Säuger wie Seehunde und Seeotter infolge staatlicher Schutzgesetze anwachsen werden und mit ihnen die Zahl der Weißhaie sowie die Zahl der Angriffe auf Menschen, vor allem an der Küste Kaliforniens und Oregons.

Haie existieren in mehr oder minder unveränderter Form seit dem Devon, also seit etwa vierhundert Millionen Jahren, und sie sind damit hundertmal älter als jede Lebensform, die auch nur im entferntesten Sinn die Bezeichnung »Mensch« verdient. Während dieser ganzen Zeit waren sie, von einem kurzzeitigen Rückgang in der Frühphase des Zeitalters der Dinosaurier abgesehen, ziemlich weit verbreitet, und in den letzten fünfzig Millionen Jahren nahm ihre Vielfalt und vermutlich auch ihre Häufigkeit zu. Ähnlich erfolgreich waren nur Schaben, Skorpione und ganz wenige weitere Gruppen von Organismen.

Was war der Grund für diesen Erfolg? Die Zoologen sind sich nicht sicher, aber sie verweisen auf mehrere Merkmale, die zur außergewöhnlichen Anpassungsfähigkeit der Haie beigetragen haben dürften. Die Befruchtung findet im Körper statt, und bei den meisten Arten werden die Jungen lebendig geboren und können sofort aus eigener Kraft schwimmen. Haie können große Mengen Nahrung zu sich nehmen, wenn sie bei der Jagd auf Beute erfolgreich sind, und dann wochenlang fasten, wobei sie von den in ihren Lebern gespeicherten Nährstoffen zehren. Tatsächlich sind riesige Lebern ein ebenso wichtiger Teil der Biologie der Haie wie ihre Kiemenspalten und ihre nachwachsenden Zähne. Die überwiegend aus Tran bestehenden Lebern machen zehn bis 25 Prozent des Körpergewichts des Fisches aus.

Wenn schiere Größe und Kraft die Kriterien sind, dann dreht sich die großartigste Geschichte, die jemals über einen Fisch erzählt wurde, um einen Walhai. Im Jahr 1959 unterwiesen G. S. Illugason von der Ernährungs- und Landwirtschaftsorganisation der Vereinten Nationen und zwei Assistenten dreizehn indische Fischer im Arabischen Meer, westlich von Mangalore, in neuen Fangtechniken. Sie arbeiteten auf zwei Booten mit stählernen Rümpfen, die 8,2 Meter und 9,75 Meter lang und durch ein Tau miteinander verbunden waren. Als Illugason einen riesigen Walhai erspähte, der an ihnen vorbeischwamm, beschloß er, mit den einzig verfügbaren Gerätschaften, einem 75 Zentimeter langen, glatten Angelhaken und einer fünf Zentimeter dicken Leine aus Manilahanf, einen Fangversuch zu machen. Er stieß den Angelhaken in die Rückenflosse des Fisches, der unbeirrt seinen Weg fortsetzte und das Boot mit einer konstanten Geschwindigkeit von fünf Knoten hinter sich herzog. Nach drei Stunden war der Hai so erschöpft, daß die Männer ihn mit zwei weiteren Leinen sichern und seine Rückenflosse mit Stahldraht umwickeln konnten. Sieben Stunden nach dem erstmaligen Kontakt wurde der Hai an den Strand gezogen. Er maß 9,75 Meter und wog schätzungsweise fünf Tonnen, mehr, als einige der örtlichen Fischer in ihrem ganzen Leben an Fischen fangen würden.

Haie stehen nicht unter Naturschutz, obwohl schon heute triftige Gründe für den Schutz solch auffallender und harmloser Giganten wie der Wal- und Riesenhaie angeführt werden können. Unser Problem ist unsere Unkenntnis. Über die Mehrzahl der 350 Arten wissen wir sehr wenig, meist nicht mehr als ihr ungefähres Verbreitungsgebiet, ein wenig über ihren Körperbau und etwas über ihre Ernährungsweise. Doch ich gebe zu, daß ich mich darüber freue. Es beglückt mich zu wissen, daß große Tiere noch immer frei ein unerforschtes Gebiet der Erde durchstreifen. Denn für Wissenschaftler und Naturforscher besaß das Unbekannte von jeher einen viel größeren Reiz als das Gefangene, Fotografierte und Vermessene. Ungehörte Lieder sind weitaus lieblicher ...

Im Jahr 1976 verhedderte sich nordöstlich von Oahu – an einer Stelle, an der das Meer 4500 Meter tief ist – etwas in 150 Meter Tiefe in einem Fallschirm, den ein Forschungsschiff der US-Marine als Treibanker abgesetzt hatte. Als das unbekannte Etwas mit Hilfe von Walzen, mit denen normalerweise Torpedos aus dem Meer gefischt werden, auf das schräge Heck gehievt wurde, entpuppte es sich als ein 4,2 Meter langer und 750 Kilogramm schwerer Hai einer bis dahin unbekannten Art. Er besaß einen ungewöhnlich großen Kopf und ein riesiges Maul, mit dem er garnelenartige Leuchtkrebse aus dem Meerwasser filtrierte, als es sich in dem Anker verfing. Verblüffte Wissenschaftler gaben ihm den Namen »Riesenmaulhai« (*Megachasma pelagios*). Im November 1984 wurde ein zweites Exemplar in der Nähe von Santa Catalina Island, vor der südkalifornischen Küste, gefangen, und mehrere weitere Exemplare sind im westlichen Pazifik zum Vorschein gekommen. Welche Überraschungen halten die Tiefen der Ozeane wohl noch für uns bereit?

Haie sind Teil der Welt, in der wir entstanden sind, und somit Teil von uns. Sie haben als Spiegelbild unserer tiefst reichenden Ängste und Befürchtungen einen festen Platz in unserer Kultur. Unbeeindruckt von dem Schauder, den sie in uns erregen, leben sie weiterhin so, wie sie Hunderte von Millionen Jahren gelebt haben: als Symbole einer geheimnisvollen, noch immer unberührten Welt.

In Gesellschaft von Ameisen

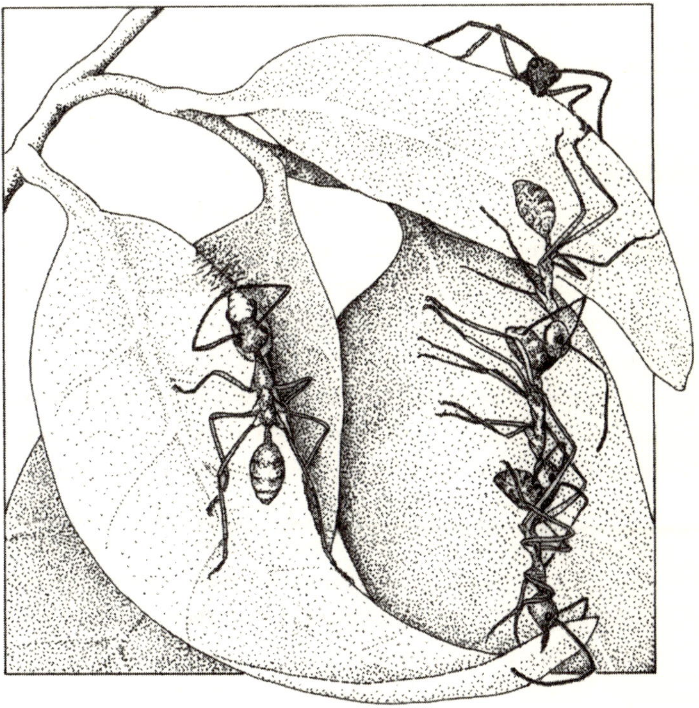

Die Frage, die man mir am häufigsten über Ameisen stellt, lautet: »Was tue ich mit denen in meiner Küche?« Und meine Antwort ist immer dieselbe: »Passen Sie auf, wo Sie hintreten.« Gehen Sie sorgfältig mit kleinen Lebewesen um. Füttern Sie sie mit Krümeln von Teegebäck. Auch Thunfischhäppchen und Schlagsahne mögen sie. Besorgen Sie sich ein Vergrößerungsglas. Beobachten Sie sie genau. Und Sie werden aus nächster Nähe miterleben, wie sich das Sozialleben vielleicht auf einem anderen Planeten entwickelt hat. Die evolutionäre Abstammungslinie, aus der schließlich Ameisen und andere soziale Insekten hervorgingen, trennte sich vor über sechshundert Millionen Jahren von der Linie, die den Menschen hervorbrachte. Sozialsysteme von Insekten haben sich völlig unabhängig von unseren Gesellschaftssystemen entwickelt und unterscheiden sich in vielfacher, tiefgreifender Hinsicht von diesen. Sie sind ein weiteres großartiges Evolutionsexperiment, an dem wir uns ergötzen können. Die Erforschung der einzigartigen Merkmale der Ameisen hat sich bereits in mehreren biologischen Feldern als äußerst fruchtbar erwiesen.

Gegenwärtig sind etwa 9500 Ameisenarten bekannt; dies entspricht der Zahl, die bislang einen wissenschaftlichen Namen erhalten hat. Ich wage die Vermutung, daß noch zwei- bis dreimal so viele ihrer Entdeckung harren. Die zu der Gruppe der Hautflügler (*Hymenoptera*) zählenden Ameisen zeichnen sich durch eine enorme Mannigfaltigkeit aus. So fände etwa eine Kolonie der kleinsten Ameise der Erde bequem Platz in der Hirnkapsel der größten Ameise der Erde. Die Ameisengattung *Pheidole*, die ich erforsche, umfaßt 285 benannte Arten allein aus der Neuen Welt. In der Sammlung des Harvard Museum of Comparative Zoology sind etwa 600 Arten vertreten; mit anderen Worten: etwa 315 Arten waren bislang wissenschaftlich nicht beschrieben. Und alle paar Monate erhalten wir von Sammlern Exemplare weiterer unbekannter Arten.

Ameisen sind die dominanten Kleinlebewesen der Erde, die größenmäßig einen mittleren Platz zwischen Bakterien und Elefanten einnehmen. Nach meiner überschlägigen Schätzung leben zu jedem beliebigen Zeitpunkt etwa 10^{15} oder eine Million Milliarden Ameisen auf der Erde. Sie machen einen erheblichen Anteil der Gesamtbiomasse (gemessen als Trockenmasse) aus. So stellen Ameisen und Termiten in den Urwäldern bei Manaus, im zentralbrasilianischen Amazonasgebiet, über ein Viertel der tierischen Biomasse, die sämtliche Lebewesen umfaßt, angefangen von winzigen Würmern und anderen Wirbellosen bis hin zu den größten Säugetieren. Die Ameisen wiegen allein viermal soviel wie die Vögel, Amphibien, Reptilien und Säuger zusammengenommen. In den meisten anderen Haupttypen von Landhabitaten entfällt auf die Ameisen ein ebenso großer oder noch größerer Anteil der Biomasse. Wenn wir allein die Insekten-Biomasse betrachten, dann stellen wir fest, daß die Ameisen und Termiten, die Organismen mit dem höchsten sozialen Organisationsgrad schlechthin, zuzüglich der Faltenwespen und sozialen Bienen, die ein ähnlich ausgefeiltes Sozialsystem besitzen, etwa achtzig Prozent der Insekten-Biomasse ausmachen. Diese Insekten dominieren die Insektenwelt vom Polarkreis bis nach Feuerland und Tasmanien. Ameisen sind die wichtigsten Freßfeinde von Kleintieren, die etwa genauso groß sind wie sie. Als »Bestattungstruppen« der Natur fressen sie Aas und beseitigen so die Leichen von über neunzig Prozent der Kleintiere. Mehr noch als die Regenwürmer lockern sie den Boden auf und reichern ihn mit Nährstoffen an. Obgleich die Gruppe der sozialen Insekten lediglich zwei Prozent aller bekannten Insektenarten der Welt ausmacht, stellt sie vermutlich den größten Teil der Biomasse.

Ameisen gibt es seit etwa hundert Millionen Jahren, seit der Mitte der Kreidezeit im Mesozoikum, und sie gehörten in den vergangenen fünfzig Millionen Jahren zu den häufigsten Insekten. Im Jahr 1967 hatten zwei Kollegen von der Universität Harvard und ich das Privileg, die ersten Ameisen des Mesozoikums zu beschreiben, die sich im wahrsten Sinne als »fehlende Glieder« entpuppten. Diese Exemplare, die von Amateursammlern in New Jersey gefunden und von uns *Sphecomyrma* (»Wespenameise«) genannt wurden, vereinigen auf bemerkenswerte Weise Merkmale der mutmaßlichen Ahnform der Wespen und moderner Ameisen. Anschließend präsentierten die Russen eine Fülle weiterer, etwa gleich alter Fossilien.

Wie ist es den Ameisen gelungen, ihre Überlegenheit über einen Zeitraum zu behaupten, der fünfzigmal länger ist als die gesamte Geschichte des Menschen und seiner unmittelbaren Vorfahren? Ich möchte Ihnen nachfolgend in kurzen Worten die meines Erachtens richtige Antwort geben, bevor ich anschließend auf das darin enthaltene Thema eingehe.

Ameisen und andere soziale Insekten sind deshalb dominant, weil ihre soziale Organisation ihnen einen Konkurrenzvorteil gegenüber einzeln lebenden Insekten verschafft. In sämtlichen terrestrischen Biotopen – vom Regenwald bis zur Wüste – besetzen soziale Insekten das Zentrum: die stabilen, ressourcenreichen Teile des jeweiligen Lebensraums. Solitäre Insekten hingegen kommen zwar ebenfalls in großer Zahl vor, haben sich aber auf die Randbereiche – den ephemeren Teil des Habitats spezialisiert. Sie finden sich im äußeren Blattwerk, tief im Holz, in winzigen Spalten des Bodens und an anderen Orten, die nicht von den sozialen Insekten in Beschlag genommen wurden. Eine Ameisenkolonie kann als eine Art »Superorganismus« betrachtet werden – ein gigantisches, amöbenartiges Lebewesen, das sich über den gesamten Ressourcenraum erstreckt, in dem es nach Nahrung sucht und

Beutezüge unternimmt, um Feinden entgegenzutreten, bevor diese sich dem Nest nähern können. Daneben sorgen die Ameisen für die Königin und für die unreifen Formen – von Eiern über Larven bis hin zu den Puppen –, die mit ihr im Nest isoliert werden. All diese Dinge bewältigen sie auf äußerst effiziente Weise durch Arbeitsteilung. Und was noch wichtiger ist: Sie führen sie gleichzeitig aus. Sämtliche anfallenden Aufgaben werden binnen kürzester Zeit erledigt. Kein Feind bleibt unbehelligt; keine Raupe, die unglücklicherweise von einem Baum fällt, entgeht ihrer Einsammlung. Zudem riskieren oder opfern sogar Individuen ihr Leben in Selbstmordaktionen für die Kolonie, ohne daß dadurch deren Produktivität nachhaltig gemindert würde. Aufgrund ihrer weitgehenden Identität mit ihrer gemeinsamen Mutter, der Königin, können sie sehr viel größere Risiken im Darwinschen Sinne eingehen als einzeln lebende Insekten – und sie tun dies oftmals dadurch, daß sie das ganze Volk für Verteidigungs- und Angriffsoperationen mobilisieren, wobei sie Taktiken anwenden, deren Ausgeklügeltheit eines Clausewitz würdig wäre. Ameisengesellschaften sind die kriegerischsten aller bekannten Tiergruppen – solitären wie sozialen. Die meisten Ameisenarten führen häufig Territorialkämpfe, bei denen kamikazeartige Attacken steriler Arbeiterinnen das Kriegsglück wenden. In den Wüsten im Südwesten der Vereinigten Staaten beispielsweise rekrutieren Kundschafter der Gattung *Dorymyrmex*, sobald sie ein Nest ihrer Rivalen der Gattung *Myrmecocystus* entdeckt haben, Artgenossen aus ihrer Kolonie, die daraufhin den Eingang des Nests umzingeln, Stein- und Erdkrümel zum Rand des Nests transportieren und hineinwerfen. Sämtliche *Myremcocystus*-Ameisen, die weiterhin Widerstand leisten, werden schließlich unter dem Schutt begraben, der ihnen zumindest zeitweilig den Zugang zur Außenwelt versperrt. Und Arbeiterameisen bestimmter im malaysischen Regenwald vorkommender *Camponotus*-Arten besitzen grotesk vergrößerte Drüsenpaare, die an der Basis der Mandibeln münden und einen Großteil des Körpers ausfüllen. Diese Behälter sind mit einer giftigen, klebrigen Chemikalie gefüllt. Werden sie von Feinden bedrängt, dann ziehen sie ihre Hinterleibsmuskeln zusammen und explodieren gleich wandernden Granaten inmitten ihrer Feinde. Eine einzige *Camponotus*-Ameise kann auf diese Weise ihr Leben gegen das mehrerer Feinde eintauschen. In darwinistischen Kategorien betrachtet, ist dies eine hervorragende Taktik.

Das Sozialleben der Ameisen ist auch deshalb so erfolgreich, weil die Kolonien dafür sorgen, daß das Nest einer Fabrik mit konstantem Mikroklima gleicht, die inmitten einer Festung liegt. Die Königin und die Brutpflege treibenden Arbeiterinnen ziehen im Nest emsig Nachkommen heran, so daß die Population rasch wächst. Das Nest selbst ist so konstruiert, daß es Feinden den Zugang erschwert. Es wird von der oftmals äußerst aggressiven Arbeiterkaste verteidigt, die bei vielen Arten auch eine speziellen Soldatenkaste umfaßt. Diese Ameisen kontrollieren auch weite Areale im Umkreis des Nests, von dem aus sie auf Nahrungssuche gehen. Außerdem können sie das Nest, dessen Bau einen großen Energieaufwand fordert, zusammen mit dem Territorium nachfolgenden Generationen vererben. In Südfinnland erreichen die – vermutlich mehrere hundert Jahre alten – Nester von hügelbauenden Ameisen eine Höhe von bis zu zwei Metern. Solche Nester bilden zusammen mit dem Sozialsystem der Ameisen die Voraussetzung für die Entstehung großer, dichter Populationen.

All diese wunderbar komplexen Aktivitäten sind instinktgesteuert und daher genetisch verankert. Sie können auf gar keinen Fall erlernt oder anderweitig »kulturell übermittelt« worden sein.

Lassen Sie mich diese sozialen Prinzipien anhand zweier Beispiele für das, was man die Hochkulturen der Ameisenwelt nennen könnte, verdeutlichen. Beide sind Arten, mit denen ich aus eigenen Studien vertraut bin. Ein Großteil der Forschungen über die erste Art habe ich zusammen mit Bert Hölldobler durchgeführt, der heute an der Universität Würzburg lehrt.

Die afrikanischen und asiatischen Weberameisen (Gattung *Oecophylla*), die erstmals vor mindestens fünfzig Millionen Jahren, im ausgehenden Eozän, aufgetreten sind, leben in den Baumkronen der Tropenwälder. Diese Ameisen dominieren einen Großteil des Kronendachs, nicht nur wegen der Größe der Einzeltiere, sondern auch wegen ihrer großen Populationen. Voll entwickelte Kolonien bestehen aus über 200000 Arbeiterinnen. Dank eines bemerkenswerten Kommunikationssystems besetzt die Kolonie die Wipfel mehrerer Bäume – ein Gebiet, das sich über mehrere tausend Quadratmeter erstreckt. Und wie das Römische Reich zur Zeit seiner Blüte ist dieses Gebiet von einem dichten Wegenetz durchzogen. Die Ameisen unterhalten auch Garnisonen, von denen aus Arbeiterinnen auf Beutezüge gehen und das Nest verteidigen. Einen Teil ihrer Domizile, die Tunnels und Pavillons umfassen, fertigen sie aus Seide, die sie außerdem zum Zusammenbinden von Blättern und Ästchen verwenden.

Jede Kolonie beherbergt nur eine Mutter-Königin, die von ihren Töchtern versorgt wird. Die Kolonie ist eine reine Frauengesellschaft. In den Nestern werden zwar auch männliche Tiere aufgezogen, aber bald nach dem Erreichen der Geschlechtsreife schwärmen sie zu Hochzeitsflügen aus, auf denen sie jungfräuliche Königinnen begatten. Unmittelbar nachdem sie diese Pflicht erfüllt haben, sterben sie. Die Arbeiterinnen dieser Art werden nach ihrer Größe in zwei Kasten eingeteilt. Die großen Arbeiterinnen erledigen die meisten Alltagsaufgaben der Kolonie einschließlich Ernährung der Königin, Beutefang sowie Bau und Verteidigung des Nests. Die kleinen Arbeiterinnen widmen sich hauptsächlich der Aufzucht der Jungen; sie bilden die Kaste der Brutpflegerinnen.

Jede Kolonie besteht auch Hunderten von Pavillons, Knäueln aus Blättern, die von Seidengespinsten zusammengehalten werden. Ein Pavillon kann mehreren tausend Arbeiterinnen Platz bieten. Die Pavillons am Rand des Territoriums der Kolonie werden hauptsächlich von den ältesten Arbeiterinnen bewohnt, der Altersgruppe, die in Ameisengesellschaften im allgemeinen die Soldaten stellt. Dies sind jene Ameisen, die bei der Verteidigung der Kolonie ihr Leben am bereitwilligsten aufs Spiel setzen. Somit besteht ein Hauptunterschied zwischen den Menschen- und den Ameisengesellschaften darin, daß jene ihre jungen Männer, diese hingegen ihre alten Frauen in den Krieg schicken.

Ein weiterer Unterschied besteht darin, daß wir uns weitgehend mit Hilfe unseres Gesichts- und Gehörsinns in der Umwelt orientieren und miteinander verständigen, während diese Funktionen bei Ameisen vorwiegend vom Geschmacks- und Geruchssinn übernommen werden. Bei den meisten Arten enthält der Körper jeder Arbeiterin zwischen zehn und zwanzig exokrinen Drüsen, die chemische Sekrete nach außen absondern, welche die anderen Mitglieder der Kolonie mit ihrem Geruchs- oder Geschmackssinn wahrnehmen. Diese Sekrete dienen als Signale: sie alarmieren und mobilisieren Nestgenossinnen, weisen andere Ameisen als Mitglieder der Kolonie aus, kennzeichnen die Kastenzugehörigkeit und so weiter.

Die Weberameisen verfügen über das vermutlich komplexeste chemische Signalsystem im Tierreich. Die Arbeiterinnen sprechen auf nicht weniger als fünf verschiedene Rekrutierungssysteme an, die sich durch den Kontext, in dem die Pheromone freigesetzt werden, und durch taktile Signale, die die Ameisen zeitgleich aussenden (zum Beispiel durch die Art und Weise, wie sie andere Ameisen mit ihren Antennen betasten, sich ihnen nähern oder auf sie losstürmen), unterscheiden. Die Kombination der Signale informiert die Ameisen über die Situation und löst eine angemessene Verhaltensreaktion aus. Übersetzt, lauten die fünf Rekrutierungssysteme der Weberameisen: »Feind in unmittelbarer Nähe«, »Feind weit weg«, »Neues Territorium entdeckt, das wir erreichen können«, »Neuer geeigneter Bauplatz für einen Pavillon« und »Nahrung«.

Vielleicht noch bemerkenswerter ist die Art und Weise, wie die Weberameisen einen Pavillon bauen (eine Eigentümlichkeit, der sie ihren Trivialnamen verdanken). Ihre Arbeiterschaft ist hoch spezialisiert und ihr Verhalten stark koordiniert. Zunächst üben Massenformationen von Arbeiterinnen den für die Faltung von Blättern erforderlichen Druck aus und biegen diese so weit zusammen, daß sie durch Seide miteinander verbunden werden können. Die Ameisen bilden eine lebende Kette, indem sie einander bei der Taille fassen; die Ameise am Ende der Kette ergreift dann ein Blatt und biegt es um. Wenn eine Kette allein nicht genügt, bilden die Ameisen viele parallele Ketten, um das Blattwerk ihren Bedürfnissen gemäß zu gestalten. Sobald die Blätter weit genug zusammengezogen sind, tragen spezialisierte Arbeiterinnen ihre unreifen Geschwister herbei, kleine, raupenartige Larven, die sich in einem späten Stadium ihrer Entwicklung befinden, und benutzen sie als lebende Weberschiffchen. Eine Arbeiterin hält den Kopf einer Larve an die Stelle, an der diese einen Seidenfaden freisetzen soll, und gibt der Larve dann ein eindeutiges Signal, indem sie sie mit ihren Fühlern berührt. Sobald die Larve einen Faden ausstößt, zieht die Ameise sie seitwärts zum Rand eines anderen Blatts. Dieser Vorgang wird buchstäblich tausende Male wiederholt, bis die Larve keine Seide mehr hat, um sich in einen Kokon einzuspinnen. Doch das spielt keine Rolle; die nackten Puppen werden in den furchteinflößenden Kolonien bestens geschützt und entwickeln sich auch so zu reifen Formen.

Das zweite Beispiel einer Hochkultur ist die Blattschneiderameise (Gattung *Atta*), die in den Tropen der Neuen Welt verbreitet ist. Es gibt etwa ein Dutzend Arten, die ihre Agrarstaaten von imperialen Ausmaßen alle auf ähnliche Weise bewirtschaften. Die Kolonien ernähren sich fast ausschließlich von einem Pilz, den sie auf Blättern und anderen Pflanzenteilen, die sie frisch ernten, züchten. Daneben verzehren sie auch Pflanzensaft. Nur eine Art von Pilz gedeiht bei ihnen, und dieser ist völlig von den Ameisen abhängig.

Die Kolonie wird von einer Königin gegründet, einem riesigen Insekt, das etwa halb so groß ist wie der menschliche Daumen. So lange sie noch jungfräulich ist, besitzt sie Flügel. Sie verläßt das Mutternest, um ihren »Hochzeitsflug« anzutreten. In der Luft treffen sie und andere – ihre Schwestern und andere Königinnen aus anderen Kolonien, die sich zu Millionen in die Lüfte erheben – auf die Männchen, die ebenfalls für den einzigen Akt, der ihre kurze Existenz rechtfertigt, aus den Nestern herausschwärmen. Noch in der Luft paart sie sich mit fünf oder mehr Männchen, wobei sie das gesamte Sperma in einem kleinen elastischen Beutel neben dem Eileiter speichert. Die Zahl der Spermien ist ausreichend, um sämtliche Eizellen zu befruchten, die erforderlich sind, um etwa 150 Millionen Töchter-Arbeiterinnen hervorzubringen, von denen zwischen zwei und drei Millionen zu jedem beliebigen Zeitpunkt der zehn- bis fünfzehnjährigen Lebensdauer der Kolonie am Leben sind. Anschließend läßt sich die Königin auf dem Boden nieder, und ihre trockenen und häutigen Flügel brechen schmerzlos entlang einer speziellen Trennlinie ab. Sie gräbt eine Höhle ins Erdreich, beginnt mit der Eiablage und legt damit das Fundament für die künftige Kolonie. Aber halt, werden Sie vielleicht sagen: Wie legt sie den Pilzgarten an? Bevor die Königin das Mutternest verläßt, liest sie sorgfältig ein paar Pilzfäden auf und verstaut sie in einer speziellen Schlundtasche. Jetzt würgt sie die Fäden wieder hervor, düngt diese mit zerkauten Eiern und Exkrementen und legt so auf dem Boden des Nests einen Pilzgarten an.

Dank einer ausgeklügelten Arbeitsteilung auf der Grundlage der Kasten, die ihrerseits auf der starken Schwankungsbreite der Größe basieren (die Kopfbreite schwankt zwischen 0,8 und mehr als 5 Millimeter), können Kolonien dieser Spezies ihre agrarischen Wirtschaftssysteme anlegen und erhalten. Die Ameisen bilden gleichsam ein endloses Fließband, das die Verarbeitung von Blättern und Pilzen von den größten Arbeiterinnen zu immer kleineren hin verschiebt. Die größten Arbeiterinnen, die zu Tausenden auf Beutezug gehen, zerschneiden in mechanischer Routine Blätter,

Blumen und Halme, die sie in einem Umkreis von bis zu hundert Metern vom Nest antreffen. Die ausgeschnittenen Stücke wie Schirme über ihren Köpfen tragend, eilen sie mit Dimethylpyrazin markierte Duftstraßen entlang zurück ins Nest. Diese Substanz, die aus der Giftdrüse am Ende des Hinterleibs abgesondert wird, ist so wirksam, daß bereits ein paar Moleküle davon genügen, um eine Ameise zu erregen. Die Chemiker, die diese chemische Verbindung identifizierten, mutmaßten, daß bereits ein Gramm der Substanz genügen würde, um eine Duftstraße zweimal um die Erde zu legen, sofern der Stoff mit der maximalen theoretischen Effizienz ausgebracht werden könnte.

Nicht minder beeindruckend ist der Energieverbrauch dieser großen Arbeiterinnen. Früher begeisterte ich mich für die Leichtathletik-Statistiken, und rein spaßeshalber rechnete ich die Geschwindigkeit, mit der Blattschneiderameisen sich auf ihren Beutezügen fortbewegen, in menschliche Größenordnungen um: Wäre eine dieser Ameisen eine 1,8 Meter große Person, dann liefe sie mit einer Geschwindigkeit von etwa 1,6 Kilometer pro 3,45 Minuten die Pyrazinpfade entlang. Das entspricht in etwa dem gegenwärtigen Weltrekord. Am Ende des Pfads, nachdem sie ungefähr eine Marathonstrecke gelaufen ist, nimmt sie eine Last von 135 Kilogramm oder mehr auf und trägt sie mit einer etwas geringeren Geschwindigkeit von 1,6 Kilometer pro vier Minuten ins Nest. Sobald sie das Nest erreicht, legt sie bis zu 1,6 Kilometer durch die Gänge und Kammern des Nests zurück, bevor sie die Blattlast ablegt.

Nun zurück zum Fließband. Im Nest werden die Pflanzenteile an eine Kaste geringfügig kleinerer Arbeiterinnen übergeben, die die Blätter in etwa ein Millimeter breite Stücke zerschneiden. Diese Stücke werden dann von noch kleineren Arbeiterinnen übernommen, die sie zu kleinen Knäuel zerkauen und Exkremente auf sie entleeren – wodurch sie den Blattbrei mit Verdauungsenzymen durchsetzen. Diese Enzyme, die in dem Pilz vorkommen, von dem sich die Ameisen ernähren, passieren aus irgendeinem Grund unverdaut den Darmkanal der Ameise. Wiederum kleinere Ameisen benutzen anschließend die kleinen Kleckse aus zerkautem und behandeltem Blattmaterial, um über dem Pilzgarten eine schwammartige Konstruktion zu errichten. Noch kleinere Ameisen ergreifen daraufhin Büschel des wachsenden Pilzes und pflanzen sie in die Kleckse ein. Die kleinsten Arbeiterinnen (die die zahlenmäßig größte Kaste bilden) pflegen den Pilz, beseitigen andere, unerwünschte Pilzarten und erweisen sich überhaupt als tüchtige und versierte Gärtnerinnen. Die Pilze laufen in schmackhaften knolligen Verdickungen aus, die wie Gemüse vom Vegetationskörper gepflückt und verzehrt werden.

Meine Laborstudien haben gezeigt, daß sich die Größe-Häufigkeits-Verteilung mit zunehmendem Alter der Kolonie – und bei einer Populationszahl von fast 100000 – in eine weitgehend vorhersagbare »programmierte Demographie« verwandelt. Die Todes- und Geburtsraten der zahlreichen Kasten entwickeln sich fast immer in dieselbe Richtung. Bemerkenswerterweise deckt sich die Häufigkeitsverteilung der ersten Arbeiterinnen, die die Königin nach der Anlage der unterirdischen Nestkammer gebiert, exakt mit der Mindeststreubreite der Größe, die erforderlich ist, um das Fließband der Kolonie in Bewegung zu setzen. Würde die Königin den Fehler machen, nur eine einzige übergroße Arbeiterin aufzuziehen, die eine überhöhte Menge an Nahrungsmitteln in Beschlag nähme, dann könnten zu wenige Arbeiterinnen anderer Größen aufgezogen werden, so daß das Fließband unvollständig bliebe und die Kolonie ausstürbe. Dieser demographische Effekt auf Gesellschaftsebene dürfte von der natürlichen Selektion geformt worden sein.

In vielerlei Hinsicht stellen Ameisen unsere Erfindungsgabe in den Schatten und verdienen unsere Aufmerksamkeit. Ihre Gesellschaftsordnung unterscheidet sich in nahezu jedem wichtigen Aspekt von der unsrigen. Lange bevor die ersten Herrentiere, ganz zu schweigen von den ersten Menschen, auf der Erde wandelten, haben sie einen Großteil des terrestrischen Lebensraums unter ihre Kontrolle gebracht. Fast hundert Millionen Jahre lang haben sie den übrigen landbewohnenden Lebewesen ihren Stempel aufgedrückt. Hinsichtlich ihres großartigen Erfolgs und ihrer Langlebigkeit können wir viel von ihnen lernen – nicht, indem wir sie als Vorbilder mißverstehen, sondern indem sie uns über die Prinzipien belehren, welche die Soziobiologie eng mit der Ökologie und der Evolutionstheorie verknüpfen.

Kooperation bei Ameisen

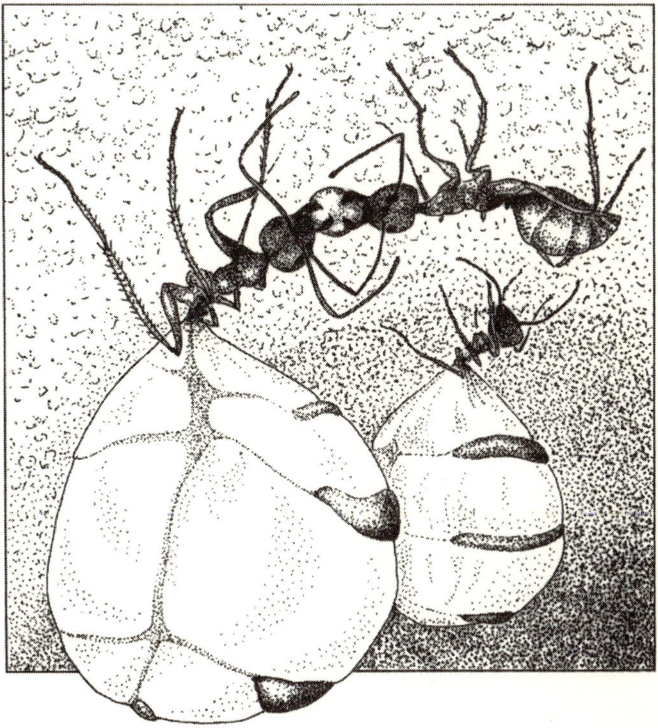

Auf einer sonnenbeschienenen Lichtung auf der mexikanischen Halbinsel Yucatán verläßt eine riesige schwarze Arbeiterameise, die wie alle Mitglieder ihrer Kaste weiblich ist, ihr Erdnest und klettert auf einen nahe gelegenen Strauch zu einem glitzernden Bündel von Tautropfen. Sie führt eine Mission aus, von der ihr eigenes Überleben und das ihres Klans abhängt. Mit geöffneten Mandibeln liest sie einen Tautropfen auf und kehrt dann ins Nest zurück. Nachdem sie am Eingang eine Pause eingelegt hat, um einer anderen Arbeiterin zu ermöglichen, etwas von dem Wasser zu trinken, steigt sie über vertikale Gänge nach unten, bis sie die Brutkammern erreicht, in denen die unreifen Nachkommen der Kolonie versorgt werden. Hier verstreicht sie einen Teil ihrer Last auf einem Kokon und gibt den Rest an eine durstige Larve weiter.

In Trockenzeiten ist die Ameisenkolonie – wie die Kolonien sämtlicher sozialer Insekten – der tödlichen Gefahr der Austrocknung ausgesetzt. Viele der Arbeiterinnen unternehmen wiederholte Ausflüge zu jeglichen Wasserquellen, die sie im Umkreis des Nests aufspüren können. Einige teilen das Wasser mit Nestgenossinnen; andere legen die Tropfen direkt auf dem Boden der Brutkammern ab, sie halten Erdreich und Luft feucht und schützen so ihre jungen Schwestern während der kritischsten Phase ihrer Entwicklung. Dank dieses kooperativen Verhaltens kann die Kolonie überleben und selbst in den entbehrungsreichsten Zeiten wachsen.

Diese »Wasserträger« der Insektenwelt gehören

einer tropischen Art großer stachelbewehrter Ameisen an, die den Namen *Pachycondyla villosa* trägt. Stiche ausgewachsener Exemplare, die 1,25 Zentimeter lang werden, können klopfende Schmerzen verursachen, die mehrere Tage lang anhalten. Aber die Wissenschaftler interessieren sich vor allem für die Bereitschaft dieser Ameisen, gesammeltes Wasser zu teilen. Meines Erachtens ist das Teilen von Nahrung und Wasser eine bedeutsamere Komponente hochentwickelten Sozialverhaltens als Dominanz, Führung oder eine andere Form von Interaktion. Wenn sich das Teilen über die Nachkommenschaft hinaus auf Geschwister und entferntere Verwandte erstreckt – wenn es also wirklich altruistisch wird –, dann festigt es die sozialen Bande und führt zur Entwicklung einer der komplexesten Formen von Kommunikation im Tierreich.

Die Entwicklung ähnlicher Muster hat möglicherweise bei der Evolution des menschlichen Sozialverhaltens eine Schlüsselrolle gespielt. Vereinzelte Fossilfunde deuten darauf hin, daß der früheste »echte« Mensch, *Homo habilis*, vor spätestens zwei Millionen Jahren in Afrika in Lagerplätzen lebte, zu denen er Nahrungsmittel schaffte, um sie mit seinen Sippengenossen zu teilen. Anthropologen sind der Meinung, daß diese Gewohnheit, die sich im Verlauf der Vorgeschichte noch verstärkte, komplexe Kommunikation, langfristige, auf Gegenseitigkeit beruhende Vereinbarungen und somit letztlich ein einzigartig reichhaltiges Sozialleben förderte. Heutzutage ist das Teilen von

Nahrung in praktisch allen Kulturen Teil von Übergangsriten und Ritualen, die den sozialen Zusammenhalt stärken sollen.

Das Teilungsverhalten steht auch im Zentrum des Soziallebens der Insekten. Der Wassertransport durch *Pachycondyla*-Ameisen beispielsweise ist nur ein Aspekt ihres Systems gemeinschaftlicher Nahrungsbeschaffung. Die Arbeiterinnen dieser Art sammeln nämlich auch Nektartropfen ein, die sie zwischen ihren Mandibeln ins Nest tragen. Sie geben die Flüssigkeit an Nestgenossinnen ab, die sie vorübergehend speichern, indem sie sie zwischen ihren eigenen Mandibeln halten. Was als ein einzelner großer Tropfen begann, als die Nahrungssammlerin das Nest betrat, wird schließlich von zehn oder mehr Arbeiterinnen herumgetragen. Die Ameisen erbeuten auch andere Insekten, die sie ins Nest befördern, wo sie in kleine Stücke gerissen und unter den Mitgliedern der Kolonie verteilt werden.

Bert Hölldobler stellte fest, daß das Tropfentragen in der Gruppe primitiver Ameisen, zu denen *Pachycondyla* gehört, weit verbreitet ist. Diese überwiegend tropischen Ameisen, die die Unterfamilie *Ponerinae* bilden, entstanden bereits im späten Mesozoikum, also vor siebzig Millionen Jahren. Fast alle sind mit einem Stachel bewehrt und fangen lebende Beutetiere. Und entsprechend einem Muster, das auch bei den Säugetieren zu beobachten ist, besitzen die Arten, deren Arbeiterinnen in Gruppen jagen, im großen und ganzen auch die komplexesten Gesellschaften und

Kommunikationsmechanismen. Einige unternehmen sogar regelrechte Raubzüge, bei denen sie Kolonien von Termiten und anderen Ameisenarten überwältigen.

Verglichen mit solchen hochentwickelten Verhaltensweisen, ist das Tropfentragen geradezu eine primitive Angelegenheit. Andere Arbeiterinnen betteln um einen Teil der Tropfen, indem sie mit ihren Fühlern und Beinen leicht gegen die Köpfe der Trägerinnen trommeln. Diese Kombination von Signalen ist identisch mit denen, die eine Vielzahl primitiver Ameisen verwendet, um Nestgenossinnen zu neuen Neststandorten und Nahrungsquellen zu führen. Während der Evolution der Ameisen tauchte die Rekrutierungsfunktion offenkundig als erstes auf und wurde erst später auf das Teilen von Flüssigkeiten erweitert.

Die große Mehrzahl der 9500 bekannten Ameisenarten, die heute auf der Erde leben, haben eine noch raffiniertere Strategie der Verteilung von Flüssigkeiten entwickelt: die Speicherung im Körper der Arbeiterinnen selbst. Wasser, Nektar und gelegentlich auch gelöste Fette werden durch die Speiseröhre in den Kropf weitergeleitet, ein Muskelorgan, das sich ballonartig ausdehnt und zusammenzieht. Wenn eine Arbeiterin Flüssigkeit tief einsaugt, schwillt ihr Kropf an und füllt den gesamten Hinterleib aus. Sie können dieses Phänomen selbst beobachten, wenn Sie Ameisen, die Sie im Garten Ihres Hauses finden, Tropfen von Zuckerwasser oder Honig anbieten und sich daran satt trinken lassen. Wenn sie ins Nest zurückkehren (was sie meist unverzüglich und auf kürzestem Wege tun), würgen sie einen Teil des Wassers wieder hervor und geben es von Mund zu Mund an andere Mitglieder der Kolonie weiter.

Hier wird das Ganze noch interessanter und aufschlußreicher. Vor einigen Jahren fand Hölldobler heraus, daß Arbeiterinnen einer evolutionär höherstehenden Ameisenart von Nestgenossinnen Nahrung erbitten, indem sie mit ihren Fühlern und Vorderbeinen auf das Labium – die aufklappbare Platte an der Unterseite des Mundes, die in etwa die Funktion einer Unterlippe erfüllt – der Nahrungsträgerin trommelten. Auf diese Weise stimuliert, würgten die Arbeiterinnen automatisch einen Tropfen Wasser aus ihrem Kropf heraus in den Raum zwischen ihren Mandibeln. Hölldobler konnte diese Reaktion selbst auslösen, indem er das Labium mit einem Haar berührte. Er fand auch heraus, daß einige parasitische Käfer, die mit Ameisen zusammenleben, kostenlose Speisungen erhielten, wenn sie die Bittbewegungen ihrer Wirte nachahmten. Den Ameisen schien der enorme Größenunterschied zwischen ihnen und den Käfern ebensowenig aufzufallen wie die Tatsache, daß diese niemals etwas von der Nahrung zurückgaben.

Etwa zur selben Zeit, als Hölldobler seine Studien durchführte, benutzten Thomas Eisner von der Cornell-Universität und ich radioaktiv markiertes Zuckerwasser, um die Verteilung von verflüssigter Nahrung in einer Kolonie Schwarzgrauer Wegameisen (*Formica subsericea*) über den Mechanismus des Wiederauswürgens zu verfolgen. Wir fanden heraus, daß Teile der Nahrung, die eine einzelne Arbeiterin einbrachte, binnen vierundzwanzig Stunden, nach längeren Phasen wechselseitigen Fütterns, alle anderen Arbeiterinnen der Kolonie erreicht hatten. Binnen einer Woche enthielten sämtliche Mitglieder der Kolonie ungefähr dieselbe Menge des radioaktiven Materials. Wir hatten damit die Hypothese früherer Entomologen bestätigt, wonach der Kropf als ein »sozialer Magen« dient. Das bedeutet, daß der Inhalt des Kropfs einer Arbeiterin zu jedem beliebigen Zeitpunkt annähernd mit dem Kropfinhalt aller übrigen Mitglieder der Kolonie übereinstimmt. Wenn die Kolonie als Ganze hungrig ist, dann gilt dies in ähnlichem Maße für jede Nahrung sammelnde Arbeiterin. Wenn die Kolonie Bedarf an einem besonderen Nährstoff hat, dann suchen die Nahrungssammlerinnen danach – ohne eigens entsprechende Anweisungen erhalten zu müssen.

In den großen Wüsten der Erde haben einige *Camponotus*- und andere Ameisenarten den Austausch von Flüssigkeiten auf seine logische Spitze getrieben und eine spezielle Kaste »lebender Vorratstöpfe« entwickelt. Gewisse große Arbeiterinnen erhalten in ihrer Jugend zusätzliche Rationen zuckriger Flüssigkeit, was dazu führt, daß ihr Hinterleib zu einer großen durchsichtigen Blase anschwillt. Nach dieser Verwandlung verharren sie den größten Teil ihres restlichen Lebens reglos an einer Stelle des Nests. Nur wenn ein Feind in ihre Wohnräume eindringt oder wenn die Lebensbedingungen im Nest unbehaglich werden, schleppen sie sich langsam über den Boden, um einen anderen Standort aufzusuchen. Diese »Honigtöpfe«, wie sie von Entomologen genannt werden, bilden lebende Vorratskammern mit flüssiger Nahrung. Während der Regenzeit, in der die Luft relativ kühl und das Nahrungsangebot reichhaltig ist, füllen die Nahrungssammlerinnen durch Hervorwürgen des Futters die »Honigtöpfe« bis an die Grenze ihres Fassungsvermögens. Während der heißesten, trockensten Monate sind dann die Vorratsameisen an der Reihe, die gespeicherte Nahrung wieder hervorzuwürgen, von der die Sammlerinnen und andere Mitglieder der Kolonie leben.

Das Teilen von Flüssigkeiten und Nahrung bei Ameisen, vom Tropfentragen bis zum Hervorwürgen des Futters, fördert den Zusammenhalt der Mitglieder der Kolonie und die Koordinierung ihrer Aktivitäten. Doch trotz vieljähriger Forschungsbemühungen ist es den Wissenschaftlern, die sich auf die Erforschung der sozialen Insekten spezialisiert haben, bislang nicht gelungen, eine Befehlszentrale auszumachen. Kein Individuum – nicht einmal die Königin, dieses übergroße Geschöpf, das sich hauptsächlich der Fortpflanzung widmet – entwirft Pläne für die Kolonie als Ganze. So gibt es beispielsweise niemanden, der festlegt, welche Ameisen Mitglieder der Kaste der Vorratshalter werden und welche sich auf den Schutz des Nests spezialisieren. Vielmehr ist die Aktivität einer Ameisenkolonie oder eines Bienenstocks das Produkt einer riesigen Zahl unabhängig gefaßter Entschlüsse einzelner Ameisen. Da der Mageninhalt aller Ameisen ungefähr gleich groß ist, gleichen sich die individuellen Entschlüsse einander so sehr an, daß eine abgestimmtere Form des kollektiven Verhaltens möglich wird.

Jede Arbeiterameise besitzt ein aus etwa einer Million Nervenzellen bestehendes Gehirn. Das Gehirn des durchschnittlichen Menschen, der eine Million mal schwerer ist als eine Ameise, besteht aus etwa hundert Milliarden Nervenzellen. Insekten sind daher von Natur aus nicht sonderlich intelligent und müssen sich auf automatische Führungssysteme wie etwa gleichmäßige Nahrungsverteilung verlassen, um die Funktionstüchtigkeit ihrer Kolonien zu gewährleisten. Aus diesem Grund haben sich die meisten Ameisenarten, ungeachtet ihrer äußerst eindrucksvollen sozialen Fertigkeiten, seit dem Zeitalter der Dinosaurier kaum verändert. Und deshalb werden sie vielleicht auch unsere eigene streitbare und ungeduldige Art überdauern.

Die Muster

der Natur

Altruismus und Aggression

In den Kriegen des 20. Jahrhunderts wurde ein großer Prozentsatz der höchsten militärischen Tapferkeitsauszeichnung der USA, der »Congressional Medal of Honor«, Männern zuerkannt, die sich auf Granaten warfen, um Kameraden zu beschirmen; die bei der Rettung Verwundeter vom Schlachtfeld halfen, auch wenn dies den eigenen sicheren Tod bedeutete, oder die anderweitige, oftmals sorgfältig überlegte, aber außergewöhnliche Entschlüsse faßten, die zum selben Ziel führten. Eine solche altruistische Selbstaufopferung ist der Akt höchster Tapferkeit schlechthin und verdient entschieden die höchste Auszeichnung, die ein Land zu vergeben hat. Es ist zudem die äußerste Steigerungsform einer Verhaltensbereitschaft, die den zahlreichen kleineren Gefälligkeits- und Freigebigkeitsgesten, welche eine Gesellschaft zusammenhalten, zugrunde liegt. Man ist geneigt, es bei dieser Erklärung bewenden zu lassen und den Altruismus schlicht als die bessere Seite der menschlichen Natur zu betrachten. Man könnte den bewußten Altruismus mithin als eine transzendentale Eigenschaft verklären, die den Menschen vom Tier unterscheidet. Doch es widerspricht dem Instinkt des

Wissenschaftlers, ein Phänomen einfach als solches stehenzulassen, und in den vergangenen zwei Jahrzehnten ist das Interesse daran, solche Formen des Sozialverhaltens eingehender und so objektiv wie möglich zu analysieren, neu erwacht.

Ein Großteil dieser Forschungen fällt in den Bereich eines Fachgebiets, das Soziobiologie genannt wird. Die Soziobiologie ist definiert als die systematische Erforschung der biologischen Grundlagen des Sozialverhaltens bei sämtlichen Arten von Organismen einschließlich des Menschen, und sie macht sich hierbei Erkenntnisse aus der Biologie, der Psychologie und der Anthropologie zunutze. Das Sozialverhalten ist schon seit geraumer Zeit Gegenstand wissenschaftlicher Analyse, und auch das Wort »Soziobiologie« ist bereits seit einigen Jahren in Gebrauch. Neu ist allerdings die Art und Weise, wie Fakten und Ideen aus ihren traditionellen Nährböden, Psychologie und Ethologie (der Naturgeschichte des Tierverhaltens), herausgelöst und in Einklang mit den Prinzipien der Genetik und Ökologie neu zusammengestellt werden.

Die Soziobiologie befaßt sich vor allem mit dem Vergleich von Gesellschaften unterschiedlicher Tierarten und des Menschen, weniger um Parallelen zu ziehen (was oftmals zu gefährlichen Fehlschlüssen führte, etwa wenn aggressives Verhalten bei Wölfen direkt mit menschlicher Aggression verglichen wird), als vielmehr um Theorien über die erbliche Grundlage des Sozialverhaltens zu erstellen und zu überprüfen. Der genetischen Evolution stets eingedenk, versuchen die Soziobiologen die Mechanismen aufzuklären, mit denen sich bestimmte Arten mit Hilfe der unzähligen Formen sozialer Organisation an die jeweiligen Chancen und Gefahren ihrer Lebensräume anpassen.

Ein typisches Beispiel ist der Altruismus. Ich bezweifele, daß ein höheres Tier, wie etwa ein Bussard oder ein Pavian, nach den hehren Kriterien, die in unserer Gesellschaft angelegt werden, jemals eine Tapferkeitsmedaille erhielte. Dennoch kommt es häufig zu kleineren Akten von Altruismus, die Formen annehmen, die ohne weiteres in menschlichen Kategorien verständlich sind und nicht bloß den Nachkommen, sondern auch Artgenossen erwiesen werden. Einige Kleinvögel – etwa Rotkehlchen, Drosseln und Meisen – warnen andere vor einem nahenden Falken. Sie kauern sich nieder und stoßen einen charakteristisch dünnen, schrillen Pfeifton aus. Obgleich der Warnruf akustische Merkmale aufweist, die die Lokalisierung des rufenden Vogels erschweren, ist die Tatsache, daß er überhaupt pfeift, zumindest uneigennützig; der rufende Vogel täte besser daran, seine Anwesenheit nicht zu verraten, sondern still zu bleiben und den Räuber einen Artgenossen erbeuten zu lassen.

Wenn ein Delphin harpuniert oder auf andere Weise schwer verletzt wird, verlassen die übrigen Mitglieder des Schwarms in der Regel unverzüglich das betreffende Gebiet. Manchmal aber scharen sie sich um das verwundete Tier und heben es zur Oberfläche, wo es weiterhin Luft holen kann. Rudel Afrikanischer Wildhunde – die fleischfressenden Säugetiere mit dem höchstentwickelten Sozialverhalten – praktizieren eine bemerkenswerte Arbeitsteilung. In der Jahreszeit, in der das Rudel einen Bau bezieht, in dem die Jungen aufgezogen werden, lassen einige der Erwachsenen, die normalerweise vom dominanten Männchen angeführt werden, wenn sie auf die Jagd nach Antilopen und anderen Beutetieren gehen, die Welpen im Bau zurück. Mindestens ein erwachsenes Individuum, normalerweise die Mutter des Wurfs, bleibt zur Bewachung zurück. Sobald die Jäger zurückgekehrt sind, würgen sie Stücke des Fleisches hervor, um die Jagdbeute mit den im Bau Zurückgebliebenen zu teilen. Selbst kranke und verkrüppelte Erwachsene werden bedacht, so daß sie länger am Leben bleiben, als es ihnen in einer weniger freigebigen Gesellschaft vergönnt wäre.

Abgesehen vom Menschen dürften Schimpansen die altruistischsten aller Säugetiere sein. Gewöhnlich ernähren sich Schimpansen von Pflanzen, und während ihrer entspannten Streifzüge durch die Wildnis frißt jedes Individuum in der unkoordinierten Weise anderer Menschenaffen und Affen für sich allein. Doch gelegentlich machen die Männchen Jagd auf Meerkatzen und junge Paviane. Während dieser Episoden wird die Horde von einer Stimmung ergriffen, die menschenähnliche Züge trägt. Die Männchen pirschen sich gemeinsam an ihre Opfer heran, die sie dann in einer koordinierten Verfolgungsjagd zu erlegen suchen; sie rotten sich auch zusammen, um erwachsene Verwandte des Opfers, die sich ihnen entgegenstellen, zurückzuschlagen. Sobald die Jäger ihre Beute zerrissen haben und sich daran gütlich tun, nähern sich andere Schimpansen, um Bissen zu erbitten. Sie berühren das Fleisch und die Gesichter der Männchen, wobei sie wimmern, sanfte *Huh*-Schreie ausstoßen und ihre Hände – mit nach oben gedrehten Handtellern – flehend ausstrecken. Manchmal weisen die Jäger die Bittsteller ab und ziehen ihre Beutestücke weg oder setzen sich ab. Doch oftmals erlauben sie dem anderen Tier, direkt in das Fleisch hineinzubeißen oder kleine Stücke mit den Händen abzureißen. Auch wurde mehrfach beobachtet, wie Schimpansen selbst Stücke abrissen und in die ausgestreckten Hände von Artgenossen warfen – ein Akt der Freigebigkeit, der bei anderen Meerkatzen und Menschenaffen unbekannt ist.

Schimpansen nehmen auch Adoptionen vor; Jane Goodall hat drei Fälle im Gombe Stream National Park in Tansania beobachtet. In allen Fällen handelte es sich um verwaiste Kleinkinder, die von erwachsenen Brüdern und Schwestern angenommen wurden. Aus theoretischen Gründen, die ich anschließend diskutieren werde, ist es besonders aufschlußreich, daß die jeweils engsten Verwandten und nicht etwa erfahrene Weibchen mit eigenen Kindern, die die Waisen möglicherweise mit Milch versorgten und sie fürsorglicher aufzögen, das altruistische Verhalten zeigten.

Obgleich altruistisches Verhalten bei Wirbeltieren recht häufig anzutreffen ist, finden wir jedoch nur bei niederen Tieren und insbesondere bei den sozialen Insekten altruistische Suizide, die mit dem entsprechenden Phänomen beim Menschen vergleichbar sind.

Ein hoher Prozentsatz der Mitglieder von Ameisen-, Bienen- und Wespennestern ist bereit, ihre Nester mit einer geradezu wahnwitzigen Opferbereitschaft gegen Eindringlinge zu verteidigen. Dieses Phänomen erklärt, weshalb Menschen in der Nähe von Bienenstöcken und Wespennestern auf der Hut sein müssen, während sie im Umkreis der Nester solitärer Arten wie Schmalbienen und Grabwespen nichts zu befürchten haben.

Die stachellosen sozialen Bienen der Tropen fallen in Schwärmen über die Köpfe von Menschen her, die sich zu nah an ihre Nester heranwagen, wobei sie sich mit ihren Kiefern so fest in Haarbüschel verbeißen, daß sich ihre Körper von den Köpfen trennen, wenn man sie herauskämmt. Einige Arten bringen bei diesen Selbstmordattacken ein brennendes Drüsensekret auf die Haut ihrer Opfer auf; in Brasilien werden sie deshalb derb *cagafogos* (»Feuerscheißer«) genannt. Der bedeutende Insektenforscher William Morton Wheeler bezeichnete eine Begegnung mit den »schrecklichen Bienen«, die sein Gesicht stellenweise regelrecht pellten, als die schlimmste Erfahrung seines Lebens.

Die Arbeiterinnen von Honigbienen besitzen Stacheln mit Widerhaken, wie sie auch bei Angelhaken gebräuchlich sind. Wenn eine Biene einen Eindringling angreift, der sich dem Nest nähert, verfängt sich der Stachel in der Haut; fliegt die Biene weg, bleibt der Stachel stecken und zieht die gesamte Giftdrüse und einen Großteil der Eingeweide mit heraus. Die Biene stirbt bald, aber ihr Angriff ist wirkungsvoller, als wenn sie den Stachel unversehrt zurückgezogen hätte:

die Giftdrüse tröpfelt weiterhin Gift in die Wunde, während ein bananenartiger Geruch, der der Basis des Stachels entströmt, andere Mitglieder des Stocks dazu anregt, ihrerseits Kamikazeangriffe auf dieselbe Stelle zu unternehmen. Der Nutzen aus dem Suizid eines Individuums überwiegt für die Kolonie als Ganze den Verlust. Die Gesamtzahl der Arbeiterinnen beläuft sich auf 20000 bis 80000; sie alle sind Geschwister, die aus Eiern entspringen, die die Mutter-Königin gelegt hat. Jede Biene besitzt eine natürliche Lebenserwartung von nur etwa fünfzig Tagen, darauf stirbt sie an Altersschwäche. Die Selbsttötung ist daher kein gravierendes Ereignis und führt keinen Genverlust herbei.

Mein Lieblingsbeispiel unter den sozialen Insekten liefert eine afrikanische Termite mit dem pompös klingenden wissenschaftlichen Namen *Globitermes sulfureus*. Mitglieder der Soldatenkaste dieser Art sind regelrechte wandernde Bomben. Große paarige Drüsen durchziehen den Körper fast auf gesamter Länge. Wenn sie Ameisen und andere Feinde angreifen, stoßen sie durch ihren Mund ein gelbes Drüsensekret aus, das bei Kontakt mit der Luft erstarrt und oftmals die Soldaten und ihre Gegner unentrinnbar miteinander verklebt. Der Druck, mit dem die Flüssigkeit herausgeschleudert wird, scheint durch Kontraktionen der Muskeln in der Hinterleibswand erzeugt zu werden. Manchmal erreichen die Kontraktionen eine solche Intensität, daß Hinterleib und Drüse zerrissen werden, so daß die Abwehrflüssigkeit in alle Richtungen spritzt.

Die beiden, Mensch und Insekt, gemeinsame Fähigkeit zu äußerster Selbstaufopferung bedeutet nicht, daß das menschliche Bewußtsein und das »Bewußtsein« eines Insekts (falls es so etwas gibt) ähnlich funktionieren. Es bedeutet aber, daß der entsprechende Antrieb nicht auf eine göttliche oder sonstige transzendentale Einwirkung zurückgeführt werden muß und wir berechtigt sind, eine gewöhnliche biologische Erklärung dafür zu suchen. Eine solche Erklärung wirft sogleich ein grundlegendes Problem auf: Gefallene Helden können keine Kinder mehr zeugen. Gemäß der reduktionistischen Sichtweise der darwinistischen Theorie der natürlichen Selektion führt die Selbstaufopferung zu einer verringerten Nachkommenschaft, so daß die für Helden verantwortlichen Gene – die Grundeinheiten der Vererbung – allmählich aus der Population verschwinden. Da Menschen, deren Verhalten von egoistischen Genen gesteuert wird, offenbar gegenüber Menschen mit altruistischen Genen überwiegen, sollte die Zahl egoistischer Gene über viele Generationen hinweg zunehmen und die Bereitschaft, altruistisch zu reagieren, in der menschlichen Population insgesamt zurückgehen.

Wieso kann sich der Altruismus dennoch behaupten? Im Fall der sozialen Insekten ist die Antwort klar. Die natürliche Auslese hat sich auf den Prozeß der sogenannten Verwandtenselektion ausgedehnt. Der sich selbst opfernde Termitensoldat schützt den Rest der Kolonie einschließlich der Königin und des Königs, die die Eltern des Soldaten sind. Infolgedessen gedeihen die fruchtbareren Brüder und Schwestern des Soldaten, und *sie* vermehren die altruistischen Gene, die sie aufgrund enger Verwandtschaft mit dem Soldaten teilen. Die eigenen Gene vermehren sich dank der größeren Produktion von Neffen und Nichten. Ist beim Menschen die Fähigkeit zum Altruismus ebenfalls durch Verwandtenselektion entstanden? Stammen die Emotionen, die wir empfinden und die gelegentlich bei außergewöhnlichen Individuen zu völliger Selbstaufopferung führen, letztlich von Erbfaktoren, die sich durch die Bevorzugung von Verwandten über einen Zeitraum von Hunderten oder Tausenden von Generationen hinweg in der Population ausgebreitet haben? Diese Erklärung gewinnt dadurch an Plausibilität, daß während des größten Teils der Menschheitsgeschichte die soziale Keimzelle aus den nächsten Angehörigen und einem dichten Netzwerk von anderen engen Verwandten bestand. Dieser außergewöhnlich starke Zusammenhalt könnte in Verbindung mit einem ausgeprägten Verwandtschaftssinn, wie er durch hohe Intelligenz ermöglicht wird, erklären, weshalb die Verwandtenselektion beim Menschen ein größeres Gewicht erlangte als bei Affen und anderen Säugetieren.

Um einen häufigen Einwand vorwegzunehmen, der von zahlreichen Sozialwissenschaftlern und anderen erhoben wird, möchte ich einräumen, daß das Ausmaß und die Form altruistischer Verhaltensweisen weitgehend kulturell determiniert sind. Die soziale Evolution des Menschen ist offenkundig stärker von kulturellen als von genetischen Faktoren geprägt. Dennoch ist die zugrundeliegende Emotion, die in praktisch allen menschlichen Gesellschaften auf deutliche Weise zum Ausdruck gebracht wird, nach Ansicht von Soziobiologen durch genetische Evolution entstanden. Obgleich diese Hypothese die Unterschiede zwischen Gesellschaften also nicht erhellt, könnte sie doch erklären, weshalb sich Menschen von anderen Säugetieren unterscheiden und weshalb sie, in einem eng umschriebenen Aspekt, mehr den sozialen Insekten gleichen.

In Fällen, in denen soziobiologische Erklärungen überprüft und bestätigt werden können, liefern sie zumindest einen Deutungsansatz und vermitteln ein neues Gefühl philosophischer Gelassenheit im Hinblick auf die menschliche Natur. Ich bin überzeugt davon, daß sie letztlich auch einen mäßigenden Einfluß auf soziale Spannungen haben werden. Nehmen wir den Fall der Homosexualität. Homophile stoßen in unserer Gesellschaft aufgrund eines engstirnigen und unberechtigten biologischen Vorurteils auf weitverbreitete Ablehnung: Da sie aufgrund ihrer sexuellen Orientierung keine Kinder zeugen, sei ihr Verhalten widernatürlich. Dennoch können Homosexuelle ihre Gene durch Verwandtenselektion replizieren, vorausgesetzt, sie verhalten sich gegenüber Verwandten hinreichend altruistisch.

Es ist durchaus denkbar, daß Homosexuelle in der Frühphase der menschlichen Evolution, der Epoche der Jäger und Sammler, und vielleicht sogar noch später eine weitgehend sterile Kaste bildeten, die die

Lebensumstände und den Fortpflanzungserfolg ihrer Verwandten sehr viel nachhaltiger förderten, als es möglich gewesen wäre, wenn sie selbst Kinder gezeugt hätten. Wenn solche Zusammenschlüsse aus miteinander verwandten Heterosexuellen und Homosexuellen regelmäßig mehr Nachkommen hinterließen als ähnliche Gruppen reiner Heterosexueller, dann bliebe die Fähigkeit zur homosexuellen Entwicklung in der gesamten Population erhalten.

Diese neue Hypothese der Verwandtenselektion ist freilich empirisch nicht belegt und wurde bislang auch nicht kritisch überprüft. Doch die Tatsache, daß sie in sich stimmig ist und mit den Ergebnissen der Verwandtenselektion bei anderen Arten von Organismen in Einklang steht, sollte uns davon abhalten, Homosexualität als Krankheit zu etikettieren. Wenn diese Hypothese stimmt, dann dürfte die Homosexualität in unserer Zeit über viele Generationen hinweg abnehmen, da die weitgehende Auflösung der Familien in den modernen Industriegesellschaften für die Vorzugsbehandlung von Verwandten weniger Raum läßt. Die Arbeit von Homosexuellen ist gleichmäßiger über die Gesamtpopulation verteilt, und die engere Form der Darwinschen Selektion wirkt der Verdopplung von Genen, die diese Art des Altruismus fördern, entgegen.

Die moderne Soziobiologie kann auch bei der Interpretation von Aggression, dem Gegensatz von Altruismus, eine mäßigende Rolle spielen. Es erscheint widersinnig, Aggression als eine Form des Sozialverhaltens zu beschreiben; im Hinblick auf individuelle Akte läßt es sich vielmehr treffender als antisoziales Verhalten definieren. Betrachtet man Aggression dagegen in einem sozialen Kontex, erscheint sie als eine der wichtigsten und verbreitetsten Organisationstechniken. Tiere benutzen sie dazu, um ihre Reviere abzustecken und ihren Rang in der Hackordnung festzulegen. Und weil Mitglieder einer Gruppe häufig kooperieren, um Aggressionen auf konkurrierende Gruppen zu lenken, sind Altruismus und Feindseligkeit zwei Seiten derselben Medaille.

In seinem berühmten Buch *Das sogenannte Böse. Zur Naturgeschichte der Aggression* behauptete Konrad Lorenz, der Mensch besitze wie die Tiere einen angeborenen Aggressionsinstinkt und dieser Instinkt müsse auf irgendeine Weise abreagiert werden, sei es auch bloß durch sportliche Wettkämpfe. Erich Fromm vertrat in seinem Buch *Die Anatomie der menschlichen Destruktivität* (1973) die noch pessimistischere These, wonach das menschliche Verhalten von einem einzigartigen Todestrieb durchherrscht werde, der oftmals zu pathologischen Formen von Aggression führe, die weit über das entsprechende Verhalten bei Tieren hinausgingen. Beide Deutungsansätze sind weitgehend falsch. Eine genauere Betrachtung aggressiven Verhaltens bei einer Vielzahl von Tiergesellschaften, von denen viele erst nach der Veröffentlichung von Lorenz' Buch eingehender erforscht wurden, zeigt, daß Aggression in unzähligen Formen auftritt und einer raschen Evolution unterliegt.

Häufig finden wir bei einer Vogel- oder Säugetierart

ein ausgeprägtes Territorialverhalten, das sich in einem ausgeklügelten, aggressiven Imponiergehabe und Angriffen manifestiert, während eine zweite, ansonsten ganz ähnliche Art kaum oder gar kein Territorialverhalten zeigt. Kurz, die Hypothese von einem universellen Aggressionsinstinkt ist nicht haltbar.

Der Grund für das Fehlen eines universellen Triebs liegt auf der Hand. Die meisten Formen von Aggressionsverhalten stellen nach Ansicht von Biologen spezifische Reaktionen auf den Druck dar, der durch Übervölkerung des Lebensraums entsteht. Tiere verschaffen sich mittels Aggression lebensnotwendige Güter – gewöhnlich Nahrung oder Refugien –, die knapp sind oder irgendwann im Verlauf des Lebenszyklus mit hoher Wahrscheinlichkeit knapp werden. Viele Arten leiden selten oder nie unter einem Mangel an diesen Ressourcen; ihre Zahl wird vielmehr durch Freßfeinde, Parasiten oder Abwanderung kontrolliert. Diese Tiere verhalten sich für gewöhnlich friedlich zueinander.

Der Mensch gehört zu den aggressiven Arten. Doch sind wir keineswegs die aggressivste Spezies. Neuere Studien an Hyänen, Löwen und Languren haben gezeigt, daß diese Tiere unter natürlichen Bedingungen sehr viel häufiger tödliche Kämpfe austragen sowie Kindstötungen und Akte des Kannibalismus begehen als der Mensch. Zählt man die Anzahl der jährlichen Morde pro tausend Individuen, dann steht der Mensch sehr weit unten auf der Liste aggressiver Lebewesen, und ich bin mir ziemlich sicher, daß dies auch noch dann der Fall sein würde, wenn unsere episodischen

Kriege mit berücksichtigt würden. Hyänenrudel liefern sich mörderische Schlachten, die praktisch nicht von primitiven menschlichen Stammesfehden zu unterscheiden sind. Hans Kruuk von der Universität Oxford hat den Kampf zweier Rudel im Ngorongoro-Krater beschrieben:

»Die beiden Gruppen vermischten sich unter lautem Gebell, doch schon nach wenigen Sekunden trennten sie sich wieder, und die Mungi-Hyänen rannten davon, kurzzeitig verfolgt von den Scratching Rock-Hyänen, die daraufhin zu dem Kadaver zurückkehrten. Etwa ein Dutzend der Scratching Rock-Hyänen fielen jedoch über eines der Mungi-Männchen her, dem sie vor allem an Bauch, Füßen und Ohren Bißwunden beibrachten. Das Opfer wurde von den Angreifern umzingelt und etwa zehn Minuten lang traktiert, während ihre Rudelgenossen das Gnu fraßen. Das Mungi-Männchen wurde regelrecht zerfleischt, und als ich mir später seine Verletzungen genauer ansah, stellte ich fest, daß seine Ohren, Füße und Hoden abgebissen worden waren, daß es infolge einer Rückgratverletzung gelähmt war, seine Hinterbeine und sein Bauch mit klaffenden Wunden übersät waren und der ganze Körper subkutane Blutungen aufwies ... Am nächsten Morgen sah ich eine Hyäne, die von dem Kadaver fraß, und ich fand Spuren, die darauf hindeuteten, daß sich weitere Hyänen daran gütlich getan hatten; etwa ein Drittel der inneren Organe und der Muskeln waren gefressen worden. Kannibalen!«

Im Vergleich zu Ameisen, für die Morde, Geplänkel und regelrechte Schlachten an der Tagesordnung sind, nehmen sich die Menschen geradezu als eingefleischte Pazifisten aus. Ameisenkriege lassen sich im Frühjahr und Sommer in den meisten Dörfern und Städten im Osten der Vereinigten Staaten besonders leicht beobachten. Halten Sie nach Massen kleiner schwarzbrauner Ameisen Auschau, die auf Bürgersteigen oder Rasen miteinander kämpfen. Die Kämpfer gehören rivalisierenden Kolonien der Gemeinen Rasenameise (*Tetramorium caespitum*) an. Mehrere tausend Individuen können an diesen Auseinandersetzungen beteiligt sein, und das Schlachtfeld umfaßt meist mehrere Quadratfuß des Grasdschungels.

Obgleich aggressives Verhalten in der einen oder anderen Form bei praktisch allen menschlichen Gesellschaften anzutreffen ist (selbst die sanften Buschmänner hatten bis vor kurzer Zeit Mordraten, die mit denen von Detroit und Houston vergleichbar waren), gibt es keine Beweise dafür, daß ihm ein Trieb zugrunde liegt, der nach einem Ventil sucht. Zweifellos kann man das Verhalten von Tieren nicht als ein Argument für die weitverbreitete Existenz eines solchen Triebs heranziehen.

Tiere zeigen im allgemeinen ein Spektrum möglicher Verhaltensweisen, das von Nichtreaktion über Drohgebärden und Scheinattacken bis hin zu echten Angriffen reicht; und sie wählen die Aktion aus, die am besten auf die Eigenart der jeweiligen Bedrohung zugeschnitten ist. So signalisiert beispielsweise ein Rhesusaffe seine friedlichen Absichten gegenüber einem anderen Mitglied seiner Horde, indem er seinen Blick abwendet oder sich ihm mit versöhnlichem Schmatzen nähert. Ein niedriger Grad der Feindseligkeit wird durch einen wachsamen, festen Blick angezeigt. Wenn man beim Betreten eines Labors oder des Primatenhauses eines Zoos von einem Rhesusaffen scharf angesehen wird, dann ist dies keine bloße Neugierde, sondern eine Drohgebärde. Von da an zeigt der Affe verstärktes Drohverhalten und wachsende Kampfbereitschaft, indem er neue Komponenten – einzeln oder kombiniert – hinzufügt: er öffnet das Maul in einem scheinbaren Ausdruck des Erstaunens, er bewegt den Kopf ruckweise auf und ab, er stößt explosive *Huh*-Rufe aus, und er schlägt mit den Händen auf den Boden. Sobald der Rhesusaffe die ganze Palette dieser Drohgebärden zur Schau stellt und vielleicht zusätzlich kleine Vorstöße macht, ist er bereit zum Kampf. Auf das ritualisierte Verhalten, das bis dahin dazu diente, die Stimmung des Tieres genau zu demonstrieren, folgt dann möglicherweise ein von schrillen Schreien begleiteter wilder Angriff, bei dem Hände, Füße und Zähne als Waffen eingesetzt werden. Höhere Grade der Aggression richten sich nicht ausschließlich gegen andere Affen. Einmal versetzte ich in der Wildnis ein großes Affenmännchen, das sich einen knappen Meter vor mir befand, in das Drohstadium des Schlagens mit den Händen, als ich versehentlich ein Affenkind erschreckte, das möglicherweise zur Sippe des Männchens gehörte. Aus dieser Entfernung glich das Männchen einem kleinen Gorilla. Mein Führer, Stuart Altmann von der Universität Chicago, gab mir den klugen Rat, den Blick abzuwenden und so gut wie möglich das Verhalten eines unterwürfigen Affen nachzuahmen.

Ungeachtet der Tatsache, daß viele Tierarten über ein reiches, abgestuftes Repertoire aggressiver Verhaltensweisen verfügen, und trotz der Tatsache, daß Aggressionen bei der Organisation ihrer Gesellschaften eine wichtige Rolle spielen, durchlaufen manche Individuen einen vollständigen Lebenszyklus einschließlich der Aufzucht von Nachkommen, ohne mehr an Aggression zu erleben als gelegentliche Kampfspiele und wechselseitiges Drohverhalten geringer Feindseligkeit. Die Umwelt ist der entscheidende Faktor: häufiges, intensives Drohverhalten und eskalierendes Kampfverhalten sind adaptive Reaktionen auf gewisse Formen von sozialem Streß, die ein bestimmtes Tier während seines Lebens möglicherweise vermeiden kann. Aus dem gleichen Grund sollte es uns nicht überraschen, daß bei einigen wenigen menschlichen Stammesgesellschaften, wie etwa den Hopi oder den modernen Aborigines in Australien, aggressive Interaktionen sehr selten sind. In einem Wort: Die Befunde aus vergleichenden Untersuchungen von Tierverhalten eignen sich nicht dazu, extreme Formen von Aggression, blutige Tragödien oder gewaltsame sportliche Wettkämpfe zwischen Menschen zu rechtfertigen.

Dies bringt uns zu dem Thema, das meiner Erfahrung nach bei Diskussionen über die Soziobiologie des

Menschen die Gemüter am heftigsten erregt: die relative Gewichtung von genetischen und Umweltfaktoren bei der Ausprägung von Verhaltensmerkmalen. Manche Wissenschaftler empfinden bereits den bloßen Gedanken, daß Gene das menschliche Verhalten steuern, als skandalös. Sie beschwören sogleich ein politisches Szenario, wonach der genetische Determinismus zu einer Zementierung des Status quo und gesellschaftlicher Ungerechtigkeiten führe. Nur selten ziehen sie ein genauso plausibles Szenario in Betracht, demzufolge ein totaler kultureller Determinismus autoritärer geistiger Kontrolle und weit schlimmeren Ungerechtigkeiten Vorschub leistet. Beide Szenarien sind äußerst unwahrscheinlich, es sei denn, Politiker beziehungsweise ideologisch voreingenommene Wissenschaftler könnten die praktischen Nutzanwendungen wissenschaftlicher Erkenntnisse diktieren. Dann wäre alles möglich.

Befürchtungen hinsichtlich der Implikationen der Soziobiologie sind meistens auf ein einfaches Mißverständnis des Wesens der Vererbung zurückzuführen. Ich möchte versuchen, die Sache so kurz, aber auch so präzise wie möglich klarzustellen. *Die Gene legen nicht unbedingt ein bestimmtes Verhalten fest, sondern vielmehr die Fähigkeit, bestimmte Verhaltensweisen zu entwickeln, oder, genauer noch, die Tendenz, sie in verschiedenen, spezifischen Lebensräumen zu entwickeln.* Angenommen, wir könnten alle denkbaren Verhaltensweisen auflisten, die in eine Kategorie gehören – etwa alle möglichen Arten aggressiver Reaktionen –, und sie der Übersichtlichkeit halber mit Buchstaben bezeichnen. In diesem fiktiven Beispiel gehen wir von genau dreiundzwanzig derartigen Reaktionen aus, die wir mit A bis W bezeichnen. Die Menschen legen nicht alle Verhaltensweisen an den Tag; alle Gesellschaften der Erde zusammengenommen weisen A bis P auf. Außerdem entwickeln sie nicht alle Verhaltensweisen mit der gleichen Leichtigkeit; unter den meisten möglichen Bedingungen der Aufzucht von Kindern treten die Verhaltensweisen A bis G deutlich gehäuft auf, so daß H bis P nur in ganz wenigen Kulturen anzutreffen sind. Dieses *Muster* an Möglichkeiten und Wahrscheinlichkeiten wird vererbt.

Um die ganze Tragweite dieser Aussage zu verstehen, müssen wir den Menschen mit anderen Arten vergleichen. Wir stellen fest, daß Mantelpaviane vielleicht nur F bis J entwickeln können, mit einer ausgeprägten Dominanz von F und G, während eine Termitenart nur A und eine andere Termitenart nur B zeigen kann. Welche Verhaltenweise ein bestimmter Mensch demonstriert, hängt von den Erfahrungen ab, die er in seiner Kultur gemacht hat, aber vererbt wird das gesamte Spektrum der menschlichen Möglichkeiten, das sich von den Möglichkeiten der Paviane und der Termiten unterscheidet. Die Soziobiologie bemüht sich darum, die Evolution dieses Musters zu analysieren.

Wir können die menschlichen Muster noch genauer umreißen. Um die elementarsten und allgemeinsten Merkmale des menschlichen Sozialverhaltens näherungsweise zu rekonstruieren, kann man zwei Verfahren miteinander kombinieren. Als erstes ermittelt man die verbreitetsten Merkmale von Naturvölkern, die auf der Entwicklungsstufe von Sammlern und Jägern (Wildbeutern) stehen. Obgleich diese Völker komplexes und intelligentes Verhalten zeigen, ist ihre Lebensform einfach. Diese einfache Wirtschaftsform begleitete die Evolution der menschlichen Art über Hunderttausende von Jahren; daher kann man davon ausgehen, daß ihr angeborenes Muster sozialer Reaktionen hauptsächlich von dieser Lebensform geprägt wurde. Das zweite Verfahren besteht darin, die verbreitetsten Merkmale von Sammlern und Jägern mit ähnlichen Verhaltensweisen zu vergleichen, die von Languren, Stummelaffen, Makaken, Pavianen, Schimpansen, Gibbons und anderen Altweltaffen und Menschenaffen gezeigt werden, die in ihrer Gesamtheit die engsten lebenden Verwandten des Menschen darstellen.

Wenn wir das gleiche Merkmalsmuster bei sämtlichen Wildbeuter-Gesellschaften – und bei den meisten oder allen Herrentieren – vorfinden, dann können wir daraus folgern, daß es nur eine geringfügige Evolution durchgemacht hat. Insofern die Sammler und Jäger das Muster aufweisen, ist dies ein Indiz (wenn auch kein Beweis) dafür, daß auch die unmittelbaren Vorfahren des Menschen das Muster besaßen; zudem gehört das Muster dann zu der Klasse von Verhaltensweisen, die auch in wirtschaftlich hochentwickelten Gesellschaften weitgehend unverändert bleiben dürften. Wenn dagegen eine Verhaltensweise unter den

Primatenarten stark variiert, dann können wir daraus folgern, daß sie weniger änderungsbeständig ist.

Dieses Durchmusterungsverfahren bringt eine faszinierende Liste von Grundmerkmalen menschlichen Sozialverhaltens zum Vorschein: (1) die Zahl der Mitglieder der Kerngruppe schwankt, beträgt aber normalerweise höchstens hundert; (2) es gibt ein gewisses Mindestmaß an Aggressions- und Territorialverhalten, aber seine Intensität schwankt, und seine konkreten Formen lassen sich nicht exakt von einer Kultur zur anderen vorhersagen; (3) erwachsene Männchen sind aggressiver als Weibchen und dominant; (4) verlängerte Brutpflege der Mutter und lang anhaltende Beziehungen zwischen Müttern und Kindern sind wesentliche Strukturelemente der Gesellschaften; und (5) Spielverhalten einschließlich zumindest leichter Formen von Wettstreit und Scheinkämpfen ist weit verbreitet und vermutlich unabdingbar für eine normale Entwicklung.

Dann müssen wir die Merkmale hinzufügen, die so typisch menschlich sind, daß wir sie ohne Bedenken als genetisch verankert klassifizieren können: die angeborene Neigung der Individuen, eine echte, semantische Sprache zu erlernen; die strenge Beachtung des Inzesttabus und die schwächere, aber noch immer ausgeprägte Tendenz durch sexuelle Beziehungen miteinander verbundener Frauen und Männer, sich auf bestimmte Arbeitsaufgaben zu spezialisieren.

Bei den Sammlern und Jägern gehen die Männer auf die Jagd, während die Frauen zu Hause bleiben. Diese ausgeprägte Rollenaufteilung besteht in den meisten Agrar- und Industriegesellschaften fort und scheint allein deshalb genetischen Ursprungs zu sein. Es gibt keine zuverlässigen Anhaltspunkte dafür, wann die Arbeitsteilung bei den Vorfahren des Menschen erstmals auftrat oder ob sie sich im fortdauernden Wandel der Rechte der Frau behaupten wird. Ich selbst vermute, daß die genetische Disposition so stark ist, daß sie selbst in den liberalsten und egalitärsten Gesellschaften der Zukunft für eine weitgehende Arbeitsteilung sorgen wird.

Es gibt stichhaltige Belege dafür, daß Jungen im Schnitt bessere mathematische Fähigkeiten und ein schlechteres sprachliches Ausdrucksvermögen besitzen als Mädchen und daß sie von Anfang an – von den ersten Stunden sozialer Spiele im Alter von zwei Jahren an bis ins Mannesalter – aggressiver sind. Ungeachtet der gleichen Bildungsmöglichkeiten und des gleichen Zugangs beider Geschlechter zu allen Berufen werden Männer daher vermutlich auch weiterhin in Politik, Wirtschaft und Wissenschaft überproportional vertreten sein. Doch das ist lediglich eine Vermutung, und selbst wenn sie sich als richtig erweisen sollte, könnte man daraus nichts anderes als ein Plädoyer für Chancengleichheit der Geschlechter und persönliche Entscheidungsfreiheit ableiten.

Gewiß spricht von vornherein nichts dafür, daß die Männchen einer räuberischen Art eine spezialisierte Jäger-Klasse bilden müßten. Bei den Schimpansen gehen zwar die Männchen auf Jagd – ein Phänomen, das in Anbetracht der Tatsache, daß diese Affen bei weitem unsere engsten lebenden Verwandten sind, aufschlußreich sein mag. Doch bei den Löwen wird diese Aufgabe von den Weibchen wahrgenommen, die meist in Gruppen, mit ihren Jungen im Schlepptau, auf die Jagd gehen. Die stärkeren und weitgehend parasitisch lebenden Männchen beteiligen sich nicht an der Jagd, aber sie stürmen herbei, sobald ein Beutetier gerissen worden ist, um als erste ihren Anteil am Fleisch zu fordern. Wölfe und Afrikanische Wildhunde folgen wieder einem anderen Muster: Bei diesen sehr aggressiven Arten kooperieren erwachsene Individuen beider Geschlechter bei der Jagd.

In der Soziobiologie erliegt man nur allzu leicht einem Denkfehler, den man nur durch beständige Wachsamkeit vermeiden kann. Dabei handelt es sich um den naturalistischen Fehlschluß der Ethik, der unkritisch aus dem »Sein« auf das »Sollen« schließt. In der menschlichen Natur ist das »Sein« weitgehend das Erbe einer Wildbeuter-Existenz im Pleistozän. Der Nachweis einer genetischen Anlage läßt sich allerdings nicht zur Rechtfertigung einer fortbestehenden Praxis in gegenwärtigen und künftigen Gesellschaften verwenden. Da die meisten von uns heutzutage in einer völlig anderen, von Menschen geprägten Umwelt leben, wäre die Fortsetzung einer solchen Praxis schlechte Biologie; und wie alle schlechte Biologie würde sie uns ins Unglück stürzen. So mag beispielsweise die Tendenz, unter bestimmten Bedingungen Krieg gegen konkurrierende Gruppen zu führen, durchaus in unseren Genen verankert sein, weil sie für unsere Vorfahren in der Jungsteinzeit vorteilhaft gewesen war. Heute indes könnte sie in globalem Selbstmord gipfeln. So viele Kinder wie möglich aufzuziehen verbürgte lange Zeit ein gesichertes Dasein im Alter; heute, im Zeitalter der Übervölkerung, dagegen mündet diese Strategie geradewegs in die Umweltkatastrophe.

Unsere primitiven alten Gene werden daher in Zukunft die Last eines sehr viel einschneidenderen kulturellen Wandels tragen müssen. In einem bisher nicht gekannten Ausmaß vertrauen wir darauf, daß sich die menschliche Natur an umfassendere Formen von Altruismus und sozialer Gerechtigkeit anpassen wird. Genetische Dispositionen können überwunden, Gefühle von Wut und Zorn verhütet oder umgelenkt werden, und die Ethik kann geändert werden. Schließlich kann die menschliche Fähigkeit, Verträge abzuschließen, weiterhin für die Verwirklichung gesünderer und freierer Gesellschaften eingesetzt werden. Und doch ist unser Wesen nicht beliebig formbar. Wir sollten die soziobiologische Erforschung des Menschen fortsetzen und ihre Befunde als die besten Näherungen betrachten, die wir haben, um die Evolutionsgeschichte des Geistes zu rekonstruieren. Auf der schwierigen Reise, die vor uns liegt und auf der wir uns von unseren tiefsten und bislang am wenigsten verstandenen Gefühlen leiten lassen müssen, können wir uns die Unkenntnis der Geschichte jedenfalls nicht leisten.

Die Menschheit, aus der Ferne gesehen

»Alle Schwierigkeiten des Menschen rühren daher,
daß wir nicht wissen, was wir sind,
und uns nicht einig sind, was wir sein wollen.«

VERCORS (JEAN BRULLER)
You Shall Know Them (1953)

Der Dekan der Internationalen Termiten-Universität hielt anläßlich der Verleihung akademischer Grade folgende Ansprache:

»In einer Sache sind wir uns doch gewiß einig! Wir sind der krönende Abschluß einer drei Milliarden Jahre währenden Evolution; wir sind einzigartig aufgrund unserer hohen Intelligenz, dem Gebrauch einer symbolischen Sprache und der Vielfalt der Kulturen, die über Hunderte von Generationen entstanden sind. Allein unsere Art besitzt genügend Selbstbewußtsein, um die Geschichte und den Sinn persönlicher Sterblichkeit zu begreifen. Nachdem wir uns weitgehend vom beherrschenden Einfluß unserer Gene befreit haben, gründen wir unsere soziale Organisation mittlerweile weitgehend oder ausschließlich auf die Kultur. An unseren Univer-

sitäten werden die drei Hauptzweige der Wissenschaft gelehrt: die Naturwissenschaften, die Sozialwissenschaften und die Termitenwissenschaften. Seitdem unsere Ahnen, die Makrotermitischen Termiten, während ihrer raschen Evolution im ausgehenden Tertiär ein Gewicht von zehn Kilogramm erreichten, ihr Gehirnvolumen vergrößerten und mit der Pheromon-Schrift zu schreiben lernten, hat die termitistische Gelehrsamkeit zu einer stetigen Verfeinerung der Moralphilosophie geführt. Wir können heute die moralischen Verhaltenspflichten exakt definieren. Diese Gebote sind größtenteils evident und allgemeingültig. Sie machen die Quintessenz des Termitenseins aus. Dazu gehören die Liebe zur Dunkelheit und zum tiefen, saprophytischen, basidiomycetischen Innern des Bodens; die zentrale Bedeutung des Kolonielebens inmitten ständiger Kriege und eines regen Handels zwischen Kolonien; die Heiligkeit des physiologischen Kastensystems; das Übel persönlicher Fortpflanzung durch die Arbeiterkasten; das Geheimnis tiefer Zuneigung zwischen Geschwistern, das sich im Augenblick der Paarung in Haß verwandelt; die Ablehnung des Übels persönlicher Rechte; die zahllosen ästhetischen Freuden am Pheromon-Gesang; der ästhetische Genuß, nach der Häutung die Ani von Nestgenossinnen zu verspeisen; die Wonnen des Kannibalismus und der Darbringung des eigenen Körpers – bei Krankheit oder Verletzung – zum Verzehr (gefressen zu werden ist seliger denn fressen); und vieles mehr …

Einige termitistisch orientierte Wissenschaftler, allen voran die Verhaltensforscher und Soziobiologen, behaupten, daß unsere soziale Organisation von unseren Genen geprägt werde und daß sich in unseren ethischen Geboten lediglich die Eigentümlichkeiten der Evolution der Termiten widerspiegelten. Sie beteuern, die Moralphilosophie müsse die Struktur des Termitengehirns und die Evolutionsgeschichte der Art berücksichtigen. Die Sozialisation sei genetisch gesteuert und einige ihrer Formen quasi unvermeidlich. Diese These hat zu einer erheblichen akademischen Kontroverse geführt. Viele Sozialwissenschaftler und Termitenkundler, die nicht glauben, daß Untersuchungen an Fischen und Pavianen einen Beitrag zum besseren Verständnis der Termiten liefern können, haben sich hinter den Graben des philosophischen Dualismus zurückgezogen und die Brustwehr der formalen Widerlegung des naturalistischen Fehlschlusses verstärkt. Ihres Erachtens entzieht sich der Geist dem Zugriff materialistischer biologischer Forschungsmethoden. Einige vertreten die extreme Auffassung, die Kultur und Ethik der Termiten ließen sich durch Konditionierung nahezu beliebig verändern. Doch die Biologen erwidern, daß das Verhalten der Termiten niemals so stark verändert werden könne, daß es etwa dem der Menschen gleiche. Es gebe so etwas wie eine biologisch verankerte Natur der Termite …

Ich habe diese termitozentrische Phantasie ausgebrütet, um eine Verallgemeinerung zu veranschaulichen, die auf herkömmliche Weise seltsam schwer zu erklären ist: Menschen zeichnen sich durch eine artspezifische Natur und Moralität aus, die lediglich einen winzigen Ausschnitt im Spektrum aller im Universum möglichen sozialen und moralischen Zustände einnehmen. Wenn auf anderen Planeten intelligente Lebensformen existieren (und Astronomen und Biochemiker sind sich darin einig, daß dies mit großer Wahrscheinlichkeit so ist), dann können wir nicht erwarten, daß sie menschenähnlich, säugetierähnlich, eukaryotisch sind oder auch nur auf der DNA basieren. Wir sollten die Betrachtung anderer Zivilisationen vor der Science-fiction retten. Wahre Wissenschaft versucht nicht bloß die reale Welt, sondern auch alle möglichen Welten zu beschreiben. Sie verortet sie innerhalb des viel größeren Spektrums aller denkbaren Welten im Universum, die von Philosophen und Mathematikern untersucht werden.

Die Sozial- und Geisteswissenschaften haben sich selbst Scheuklappen angelegt, indem sie unbeirrbar an einer dimensionslosen und untheoretischen Sicht des Menschen festhalten. Sie konzentrieren sich auf einen Punkt, die menschliche Art, ohne das Spektrum aller möglichen Arten im Universum, in den sie eingebettet ist, zu berücksichtigen. Anthropozentrisch sein heißt, die Grenzen der menschlichen Natur, die Bedeutung der biologischen Prozesse, die dem menschlichen Verhalten zugrunde liegen, und die tiefere Bedeutung der langfristigen genetischen Evolution verkennen. Eine umfassendere Sichtweise erreicht man nur, wenn man Schritt für Schritt von der Art zurücktritt und bewußt einen distanzierteren Standpunkt annimmt.

Um die Bedeutung der Mehrdimensionalität zu erkennen, wollen wir die sozialen Verhaltensweisen des Menschen als eine Häufigkeitsverteilung betrachten. Vielleicht sieht ja nur der Soziologe das Muster, das diese Funktion beschreibt, aus nächster Nähe. Vertieft in die kleinsten Einzelheiten einer lokalen Kultur, besetzt der typische Soziologe die Rolle des lokalen Naturforschers unter den Sozialwissenschaftlern. Die Grenzen und die grundlegende Bedeutung des menschlichen Verhaltens interessieren ihn nicht sonderlich. Vermutlich ist er sogar blind für derart fernliegende Fragestellungen, denn die Komplexität der Details, die er in Schriftkulturen vorfindet, ist so wichtig und fesselnd, daß sie die ganze Aufmerksamkeit eines erstklassigen Wissenschaftlers in Anspruch nimmt. Der Anthropologe und der Primatenforscher nehmen einen distanzierteren Standpunkt ein, der dem des Biogeographen entspricht. Sie interessieren sich für globale Muster in der Verteilung sozialer Merkmale, und sie suchen nach Regeln und Gesetzen, die diese Eigentümlichkeiten erklären. Der Zoologe wahrt den größten Abstand. Er beschäftigt sich mit den Zehntausenden sozialen Spezies unter den koloniebildenden Wirbellosen, sozialen Insekten und nichtmenschlichen Wirbeltieren. Er begegnet einer enormen Vielfalt, aber in einigen Verhaltenskategorien gibt es unter ansonsten grundverschiedenen taxonomischen Gruppen hinreichende Übereinstimmungen, um in ihm die Hoffnung zu wecken, daß ihre genetische Evolution allgemeingültigen Gesetzen unterliegen könnte, so, wie Studien an Ratten, Fruchtfliegen und Darmbakterien Prinzipien der Genetik und Physiologie aufdeckten, die anschließend auf den Menschen übertragen werden konnten.

Natürlich weist das menschliche Sozialverhalten einzigartige Merkmale auf, die sich kaum aus der allgemeinen Soziobiologie der Tiere ableiten lassen. Es läßt sich eben nicht mit dem rein mechanischen Verhalten menschlicher Chromosomen und Nervenzellmembranen vergleichen, die praktisch genauso funktionieren wie die von Nagetieren und Insekten. Die Evolution des sozialen Verhaltensrepertoires des Menschen vollzieht sich heute auf zwei Wegen: dem der herkömmlichen genetischen Übertragung, die der natürlichen Auslese im Darwinschen Sinne unterliegt, und dem der kulturellen Übertragung, die nach Lamarckschem Muster verläuft (durch Anpassung erworbene Eigenschaften werden direkt an die Nachkommen weitergegeben) und sehr viel schneller vonstatten geht. Darüber hinaus gibt es einzigartige Merkmale der sozialen Organisation: eine rein symbolische, unendlich produktive Sprache, langfristig gültige Verträge auf der Grundlage von Konventionen, eine komplexe, schriftliche Kultur und die Religion. Doch die Tatsache, daß die Menschheit in eine neue Zone der Evolution eingetreten ist, ist kein Beweis dafür, daß sie sich von genetischen Zwängen befreit hätte. Auch erhabene Schöpfungen erheben eine Art nicht unbedingt über die Biologie. Merkmale, die intelligente Wesen als transzendent betrachten, sind möglicherweise als biologische Anpassungen entstanden, die jedoch weiterhin genetischen Programmen gehorchen. Der Wanderflug des Goldregenpfeifers vom Yukon River nach Patagonien und zurück ist ein Wunder, aber sein Gehirn und seine Flügel bestehen aus organischen Polymeren, und die 16000 Kilometer lange Reise ist für die Erfüllung seines Lebenszyklus genauso notwendig wie seine tägliche Mahlzeit aus Strandflöhen und Insekten. Es gibt triftige Hinweise dafür, daß das menschliche Verhalten als Ganzes einschließlich der komplexesten Formen, die der größten kulturellen Variation unterliegen, von genetischen Randbedingungen abhängig und gleichzeitig bis zu einem gewissen Grad höchst adaptiv im strengen Darwinschen Sinne ist. Daher kann man die Gesellschaftstheorie als Fortsetzung der Evolutionsbiologie betrachten.

Die Sichtweise der Sozial- und Geisteswissenschaften war nicht nur in räumlicher Hinsicht eindimensional, sondern auch zeitlich beschränkt. Diese Behauptung mag befremdlich anmuten, wo doch die Untersuchung historischer Veränderungen unbestreitbar im Mittelpunkt all ihrer bedeutenden Disziplinen steht. Doch all diese Analysen beziehen sich auf eine einzige Art und zudem auf vermutlich einen einzigen Genotyp – gemäß dem Prinzip der psychischen Einheit der Menschheit. Diese Konzeption der menschlichen

Vergesellschaftung ist für die Anforderungen einer Gesellschaftstheorie allerdings unzureichend. Es gibt gewichtige Anhaltspunkte dafür, daß Verhaltensmerkmale in menschlichen Populationen in einem Ausmaß variieren, das typisch für Tierpopulationen ist; dies betrifft vor allem die genetischen Komponenten der Rechenfähigkeit, der Redegewandtheit, des Gedächtnisses, der Wahrnehmungsfähigkeit, der Psychomotorik, der Extraversion-Introversion, der Neigung zur Homosexualität, der Neigung zum Alkoholismus, der Anfälligkeit für bestimmte Formen der Neurose und Psychose, der zeitlichen Steuerung des Spracherwerbs und anderer wichtiger Schritte in der kognitiven Entwicklung, des Alters bei der ersten sexuellen Aktivität und anderer individueller Phänotypen, die sich auf die soziale Organisation auswirken. Ferner liegen Anhaltspunkte dafür vor, daß es in der frühesten Phase der motorischen und Temperamententwicklung von Neugeborenen geographische Variationen unter menschlichen Populationen, kurz: »Rassenunterschiede«, gibt.

Obgleich die genetische Evolution im allgemeinen langsam verläuft, kann sie doch so rasch vor sich gehen, daß sich ihre Geschwindigkeit nur um ein bis zwei Größenordnungen vom Tempo der kulturellen Evolution unterscheidet. Bei nur mäßigem Selektionsdruck kann ein Gen in nur zehn Generationen – einem Zeitraum, der beim Menschen lediglich zweihundert bis dreihundert Jahre umfaßt – in einer gesamten Population durch ein anderes ersetzt werden. Ein einzelnes Gen kann tiefgreifende Verhaltensänderungen bewirken, insbesondere wenn es sich auf die Reaktions- oder Erregungsschwelle auswirkt. Allerdings basieren neue, komplexe Verhaltensmuster auf vielen Genen, die sich nur über längere Zeiträume, vermutlich über Hunderte oder gar Tausende von Generationen, ansammeln können. Daher ist nicht zu erwarten, daß sich die menschliche Natur seit historischen Zeiten stark verändert hat oder daß sich Menschen in Industriegesellschaften grundlegend von ihren Ahnen in schriftlosen Wildbeuter-Kulturen unterscheiden. Die Möglichkeit, daß gewisse genetische Veränderungen eingetreten sind, läßt sich jedoch nicht ausschließen, und wir können nicht davon ausgehen, daß sich geringfügige genetische Veränderungen ohne weiteres zu Lebzeiten der Individuen durch die Sozialisation neutralisieren lassen.

Wenn diese grundlegenden Annahmen zutreffen, dann sind wichtige Verhaltensmerkmale möglicherweise in den vergangenen 100000 Jahren entstanden. Tatsächlich muß die zeitgenössische Natur des Menschen nicht das historische Produkt der Ahnenreihe *Australopithecus afarensis – Homo habilis* sein, die vor vier bis zwei Millionen Jahren auf der Erde lebten. Es handelt sich wohl eher um eine Biogramm, das die gesamte Geschichte des *Homo* hindurch (einschließlich der historischen Epoche) schrittweise geformt wurde. So könnte die Gesellschaftstheorie davon profitieren, wenn sie ihren Forschungshorizont über die von der kulturellen Evolution dominierte historische

Periode hinaus auf die unmittelbar vorangehende prähistorische Epoche ausdehnen würde, in der nahezu ausgewogene Kombinationen von genetischem und kulturellem Wandel auftraten.

Kultur als ein biologisches Produkt

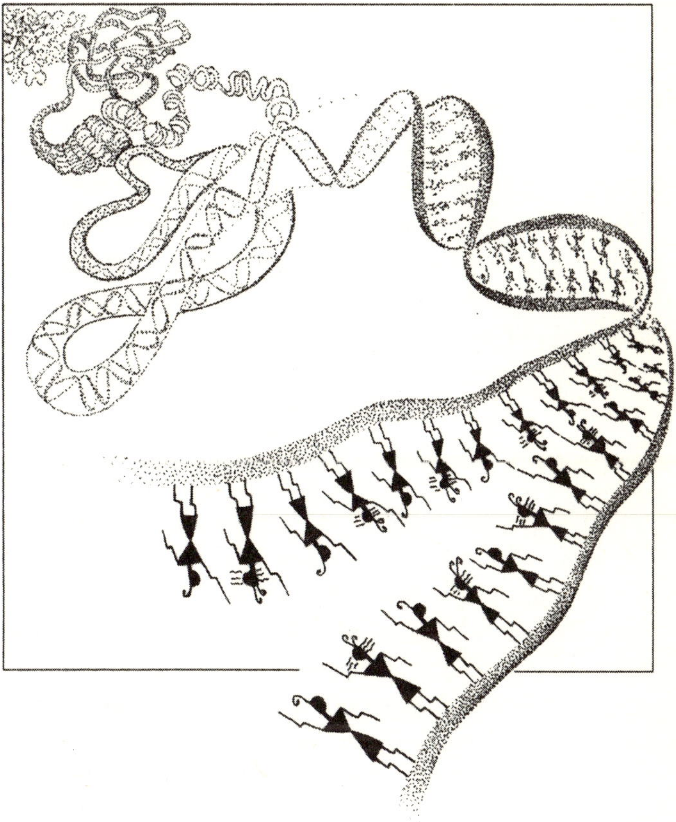

Ich möchte im folgenden der These nachgehen, daß Kultur letztlich ein biologisches Produkt ist. In dem Maße, wie die Biologie Fortschritte macht, wird sie zweifellos unser Verständnis sozialen Verhaltens und sozialer Institutionen verändern. Ein Großteil der Varianz von Persönlichkeits- und kognitiven Merkmalen, in vielen Fällen fünfzig Prozent und mehr, ist erblich bedingt. Selbst dann ist der auf das Zusammenwirken von Vererbung und Umwelt zurückzuführende Gesamtbetrag der Varianz lediglich ein winziger Bruchteil des denkbaren Betrags, weil die kognitive Entwicklung durch genetisch verankerte Regeln, denen alle Menschen unterliegen, weitgehend festgelegt ist. Man hat gesagt, daß es keine Gene für den Bau von Flugzeugen gebe. Das stimmt natürlich. Aber wir bauen Flugzeuge, um uralten menschlichen Aktivitäten nachzugehen, wie etwa Krieg, Stammestreffen und Tauschhandel, die offenkundig mit unserem biologischen Erbe in Einklang stehen. Die Kultur erfüllt ein wichtiges Prinzip der Evolutionsbiologie: Der größte Teil der Veränderungen dient dazu, den Organismus in einem stabilen Zustand zu halten.

Die wichtigste Triebkraft der genetischen Evolution

sämtlicher bislang untersuchter Organismen ist die natürliche Selektion – die unterschiedlichen Beiträge verschiedener genetischer Typen derselben Population zur nächsten Generation. Dieser Vorgang wird vielfach als Darwinsche Evolution bezeichnet, um ihn von Mutationsdruck, Orthogenese (geradlinige Evolution) und anderen denkbaren Triebkräften abzusetzen. Auf der Ebene der Molekülstruktur scheint ein Großteil der Evolution auf die Gendrift zurückzuführen zu sein, den zufälligen Austausch von Allelen, der seinerseits den Austausch von Aminosäuren in Proteinen zur Folge hat. Dennoch sind die Hauptmerkmale von Körperbau, Physiologie und Verhalten letztlich der natürlichen Selektion zuzuschreiben.

Der unterschiedliche Beitrag zur nächsten Generation kann durch das Wechselspiel zweier Vorteile erreicht werden: längere Lebenszeit und größere Nachkommenschaft. Individuen können einen größeren Teil ihrer Gene in die Zukunft hinüberretten, indem sie sich so rasch wie möglich fortpflanzen, wobei sie darauf vertrauen, daß zumindest einige ihrer Nachkommen die Geschlechtsreife erreichen. Dies ist die sogenannte *r*-Strategie der Fortpflanzung. Dasselbe Ergebnis können sie auch dadurch erreichen, daß sie eine geringe Zahl hochwertiger Nachkommen erzeugen und sie sorgfältig aufziehen, um sicherzustellen, daß die meisten oder alle in gutem Zustand die Geschlechtsreife erreichen. Dies ist die *K*-Strategie der Fortpflanzung. Welche Strategie am besten funktioniert, hängt von der Umwelt ab. Wenn die Verfügbarkeit von Ressourcen nicht vorhersagbar ist, so daß von einem Ort oder Zeitpunkt zum nächsten eine hohe Extinktionswahrscheinlichkeit besteht, funktioniert die *r*-Strategie am besten. Ist dagegen der Bestand an Ressourcen konstant und mithin der Besitz von Land wichtig, dann ist die *K*-Strategie erfolgversprechender. Die Biologen ordnen Arten und genetische Stämme oftmals auf einem *r*-*K*-Kontinuum ein, wobei sie deren Fortpflanzungsstrategien zu dem Lebensraum in Beziehung setzen, in dem die Arten und Stämme entstanden sind. Es ist auch möglich, daß Genotypen Wechsel von einer Strategie auf die andere programmieren, wenn sich die Umweltbedingungen verändern. Der Mensch nimmt auf dem *r*-*K*-Kontinuum einen kleinen Abschnitt nahe dem *K*-Ende ein.

Gen-Kultur-Koevolution

Die Evolution des Menschen ist ein einzigartiges zweigleisiges System, das sich aus genetischer Veränderung und kulturellem Wandel zusammensetzt. Einerseits führten genetische Veränderungen zu einem äußerst raschen Wachstum des menschlichen Gehirns, mit einer Zunahme des Volumens der Großhirnrinde um den Faktor 3,2 allein zwischen der Zeit des *Homo habilis* vor zwei Millionen Jahren und dem Auftauchen des frühen *Homo sapiens* vor etwa 500000 Jahren; dies ging mit tiefgreifenden architektonischen Neuerungen im Kehlkopf und in den Sprachzentren des Gehirns einher. Der kulturelle Wandel vollzieht sich sehr viel schneller, wird aber von den Grenzen, die das Gehirn und der Sinnesapparat setzen, eingeschränkt und gesteuert.

Die meisten Schwierigkeiten in der Humansoziobiologie rühren nicht von den unterschiedlichen Vorgehensweisen und Terminologien der Biologen und Sozialwissenschaftler her, sondern daher, daß der Gegenstand ihres gemeinsamen Interesses, die Wechselwirkung zwischen biologischer und kultureller Evolution, noch immer weitgehend unerforscht ist. Wir alle wissen, daß das menschliche Sozialverhalten über kulturelle Lernprozesse weitergegeben wird. Wir wissen auch, daß die charakteristischen Merkmale der Kognition, die den gesamten Prozeß vom Empfang einer Sinneswahrnehmung bis zu ihrer Speicherung im Gedächtnis und zur Willensbildung umfaßt, einen starken Einfluß auf die Kultur ausüben. Letztlich wird die Kultur durch die geistige Entwicklung menschlicher Individuen geprägt. Die Merkmale dieser Entwicklung können als epigenetische Regeln charakterisiert werden, worunter man sämtliche Regelmäßigkeiten versteht, die das Verhalten in eine bestimmte Richtung lenken. Betrachten wir kurz ein Beispiel: Der Mensch orientiert sich weitgehend mit Hilfe seines Gehörs und seines Gesichtssinns, während Geruchs- und Geschmackssinn im Vergleich zu der großen Mehrzahl der Tierarten eine ganz untergeordnete Rolle spielen. Diese biologische Eigenschaft spiegelt sich in unserem Wortschatz wider, der für die Beschreibung von audiovisuellen Sinnesempfindungen ein viel reichhaltigeres Repertoire aufweist als für die der Geruchs- und Geschmacksempfindungen. In zahlreichen Sprachen der Erde beschreiben zwei Drittel bis drei Viertel aller Wörter, die sich auf die Sinne beziehen, Sehen und Hören, während allenfalls ein Zehntel Geruchs- und Geschmacksempfindungen bezeichnet.

Die genetische Evolution beeinflußt demnach die kulturelle Evolution. Umgekehrt beeinflußt die kulturelle Evolution aber auch die biologische Evolution, indem sie die Umwelt hervorbringt, in der die Gene (diejenigen, die epigenetische Regeln festlegen) durch die natürliche Selektion getestet werden. Tatsächlich sind Gene und Kultur untrennbar miteinander verknüpft. Veränderungen des einen bewirken zwangsläufig Veränderungen des anderen. So entsteht die sogenannte »Gen-Kultur-Koevolution«, die vermutlich folgendermaßen abläuft:

– Die Gene legen die Regeln fest, nach denen sich die Entwicklung des Individuums vollzieht (die epigenetischen Regeln).

– Das Individuum eignet sich während seiner Entwicklung Teile der bestehenden Kultur an.

– In jeder Generation wird die Kultur durch die Summe der Entscheidungen und Innovationen aller Mitglieder der Gesellschaft neu geschaffen.

– Einige Individuen besitzen epigenetische Regeln, die ihnen in der zeitgenössischen Kultur bessere Überlebens- und Fortpflanzungschancen eröffnen als anderen Individuen. Diese genetische Fitneß kann entweder durch direkte Selektion, die Förderung der unmittelbaren Nachkommen, oder durch Verwandtenselektion, die Förderung von Verwandten einer Seitenlinie zusätzlich zu den unmittelbaren Nachkommen, erhöht werden.

– Die erfolgreichsten epigenetischen Regeln breiten sich zusammen mit den sie codierenden Genen in der Population aus. Anders gesagt, die Population durchläuft eine genetische Evolution unter Berücksichtigung epigenetischer Regeln.

Fassen wir die bisherigen Ausführungen noch einmal zusammen: Die Kultur wird durch biologische Prozesse hervorgebracht und geformt, während gleichzeitig die biologischen Prozesse als Reaktion auf kulturelle Veränderungen umgestaltet werden. Diese Wechselbeziehung ist leicht nachvollziehbar, doch die Geschwindigkeit, mit der die beiden Formen der Evolution ablaufen, und die Enge der Verknüpfungen zwischen ihnen sind noch immer weitgehend ungelöste Probleme.

Die Einheiten der Kultur

Die Sozialwissenschaften sind mit zwei grundlegenden theoretischen Problemen konfrontiert. Erstens können sie bei der Erforschung der Kultur nicht auf »natürliche Arten« zurückgreifen, also auf Grundeinheiten, die Genen, Zellen und Organismen entsprechen, und die Voraussetzung für analytische Permutationen wären.

Aus diesem Fehlen natürlicher Arten erwächst unmittelbar das zweite Problem, die »begriffliche Isolation«. Jede bedeutende Disziplin – Anthropologie, Soziologie, Politikwissenschaft und so weiter – war gezwungen, ein eigenes Begriffssystem und eine eigene Terminologie zu entwickeln.

Die Entdeckung natürlicher Arten in der Kultur würde einen bedeutenden theoretischen Fortschritt in den Sozialwissenschaften darstellen. Die meisten Wissenschaftler scheinen zu glauben, daß solche Einheiten entweder nicht existieren oder, falls sie existieren, mit den gegenwärtigen Mitteln nicht aufgespürt werden können. Es spricht jedoch manches dafür, daß es natürliche Einheiten gibt und daß sie auf den natürlichen Einheiten des semantischen Gedächtnisses basieren. Im Gegensatz zum episodischen Gedächtnis, in dem Folgen aus visuellen und anderen Sinneserfahrungen gespeichert sind, umfaßt das semantische Gedächtnis Wörter und Manipulationen von Symbolen. Das semantische Gedächtnis ordnet Eindrücke zu diskreten Clustern. Experimentelle Untersuchungen haben gezeigt, daß die Schnitte um jene Objekte beziehungsweise Abstraktionen gemacht werden, die die meisten Attribute miteinander teilen. Kategorien wie »Baum«, »Hund« und »Haus« haben daher keine unmittelbaren Entsprechungen in der Wirklichkeit, sondern stellen vielmehr Sammlungen von Objekten dar, denen eine relativ große Zahl von Stimuli gemeinsam ist, die am leichtesten vom Gehirn verarbeitet werden. Kindern fällt dieser Typus der Gedächtnisbildung besonders leicht, und zwar sowohl im Hinblick auf Objekte als auch im Hinblick auf Objektgesamtheiten. Sie fassen bestimmte kennzeichnende Stimuli zu Ensembles zusammen (wie etwa »Kekse« im Gegensatz zu »Kuchen« und »Sessel« im Gegensatz zu »Stühle«), die fast genauso scharf voneinander abgegrenzt sind wie die einzelnen Objekte selbst.

Das Gehirn beschleunigt die Verarbeitung noch weiter, indem es die Cluster hierarchisch zu größeren Gefügen zusammenstellt, die eine diskrete, austauschbare Form besitzen. Die Einheiten des semantischen Gedächtnisses, die als Objekte beziehungsweise Abstraktionen erlebt werden, werden treffend als Knoten bezeichnet; diese Beschreibung deckt sich mit den Knoten und den Verknüpfungen zwischen den Knoten, die in Modellen der Gedächtnisspeicherung und Abrufung nach dem Mechanismus der neuronalen Erregungsleitung postuliert werden. Es gibt mindestens drei Ebenen, auf denen Knoten vorkommen. Begriffe, die elementarsten Cluster, werden durch Wörter oder Wortgruppen (wie etwa »Hunde« und »Jagd«) bezeichnet. Propositionen werden durch Wortgruppen, Satzglieder oder Sätze, die Objekte und Beziehungen zum Ausdruck bringen, bezeichnet (»Hunde jagen«). Schließlich werden Schemata durch Sätze und längere Texteinheiten repräsentiert (die »Technik der Jagd mit Hunden«). Neuronale Netze wurden ursprünglich von Psychologen als theoretische Konstrukte eingeführt, doch mit Hilfe von Methoden, mit denen man ihre Struktur ermitteln kann, wurde ihre Existenz empirisch belegt. Neuronale Netze nehmen im Verlauf der kindlichen Entwicklung ständig an Größe und Komplexität zu, und die wichtigsten Wachstumsphasen stimmen zumindest näherungsweise mit den Piagetschen Stadien der kognitiven Entwicklung überein. Diese Stadien sind keine nebensächlichen Merkmale der Persönlichkeitsentwicklung, sondern universelle Prozesse, die eine kulturübergreifende Regelmäßigkeit aufweisen. Daher sind die semantischen Mechanismen der Kulturbildung – in einer Weise, die für das gesamte Verhältnis von Biologie und Kultur bedeutsam ist – robuster und konsistenter als die Endprodukte, die sie erzeugen.

Für jeden Begriff wählt das Gehirn einen Prototypen aus, der den Standard darstellt, wie etwa eine bestimmte Wellenlänge und Intensität, um die idealisierte Farbe »Rot« zu bilden, oder eine bestimmte Körperform und -größe, um den typischen »Hund« zu bilden. Das Gehirn kann unter einer Menge ähnlicher Varianten den Standard herleiten, der nahe dem Mittelwert der Varianten liegt, und ihn als Prototyp verwenden, selbst wenn es kein Beispiel davon direkt wahrgenommen hat. Daraus folgt für die Gen-Kultur-Koevolution der wichtige Befund, daß selbst dann Klassen gebildet und etikettiert werden, wenn die zu verarbeitenden Reize fortwährend schwanken. Kurz, das Gehirn erlegt der Welt von sich aus eine halbdiskrete, hierarchische Ordnung auf.

Die meisten Begriffe, die die Grundeinheiten des semantischen Gedächtnisses bilden, unterliegen rein phänotypischen Variationen, die sich aus den Besonderheiten der Kulturgeschichte ergeben. Dennoch sind die Begriffe aus zumindest einigen Kategorien in allen Kulturen anzutreffen. Wie Eleanor Rosch gezeigt hat, gehören hierzu die elementaren geometrischen Figuren (Quadrat, Kreis, gleichseitiges Dreieck), der Gesichtsausdruck von sechs Grundaffekten (Glück, Traurigkeit, Zorn, Furcht, Überraschung, Ekel) und die Grundfarben (Rot, Gelb, Grün, Blau).

Die Ebene des semantischen Gedächtnisknotens – Begriff, Proposition oder Schema – legt die Komplexität des erzeugten Verhaltens oder des kulturell tradierten Artefakts fest. So erfolgt beispielsweise die Unterscheidung von Buchstaben oder Ideogrammen auf der Begriffsebene, die erste verbale Reaktion auf einen Fremden auf propositionaler Ebene und die Äußerung eines Inzesttabus auf schematischer Ebene. Wenn sich dieses Modell des semantischen Gedächtnisses als richtig erweisen sollte, dann ist zu erwarten, daß neue Entdeckungen, welche die Hierarchie der Gedächtnisknoten noch detaillierter aufschlüsseln, die Identifikation von kulturellen Einheiten oder »Kultur-Genen« voranbringen werden, ähnlich wie Fortschritte in der Zellchemie unser Verständnis der Gene vertieft und Untersuchungen der Populationsstruktur unser Wissen über biologische Arten erweitert haben.

Obgleich eine direkte Zuordnung zwischen Knoten und generativen Einheiten der Kultur auf niederen Organisationsebenen realisierbar erscheint, ist nicht zu erwarten, daß die komplexeren Produkte der Kultur in eine Eins-zu-Eins-Beziehung zu den semantischen Knoten gesetzt werden können. So sind beispielsweise Heiratszeremonien und Tempelbauten das Produkt zahlreicher miteinander verflochtener Verhaltensweisen, die aus der kognitiven Aktivität zahlreicher Kultur-Gene hervorgehen. Diese wiederum schwanken entsprechend den Besonderheiten der regionalen Geschichte. Dennoch kann jede Verhaltensweise als Ergebnis der kognitiven Entwicklung interpretiert werden, das hauptsächlich durch Verbindung der neuronalen Netze erreicht wird. Die kulturelle Evolution ist die Verschiebung der äußeren Phänotypen des Verhaltens und der Artefakte durch Einfügung und Kombination ihrer generativen Grundstrukturen im semantischen Gedächtnis. Die zusammengesetzten Gebilde der Kultur gehen aus den semantischen Knoten hervor.

Epigenetische Regeln

Die epigenetischen Regeln der kognitiven Entwicklung legen fest, auf welche Weise die Knoten erzeugt und verknüpft werden, so daß sie die semantischen Netzwerke – und folglich die Kultur – hervorbringen. Diese physiologischen Prozesse erzwingen ein starkes Filtern der Reize aus der Umwelt und beeinflussen anschließend alle Stufen der Kognition, vom Kurzzeitgedächtnis und der Speicherung im Langzeitgedächtnis bis zum Abrufen, Wiedererleben, Tagträumen und zur Willensbildung.

Das am gründlichsten analysierte Beispiel für die biologische Bahnung der Kultur durch die Prozesse des Filterns und des Verzerrens stammt aus dem Wortschatz des Sehens. Wir nehmen die Lichtstärke als Kontinuum wahr; wenn die Intensität des Lichts in einem Zimmer mit einem Abblendschalter schrittweise erhöht oder vermindert wird, erlebt das Gehirn die Veränderung als eine kontinuierliche Progression entlang einem mehr oder minder gleichmäßigen Gradienten. Es gibt keine Abstufungen und keine Bezugsgrößen, und folglich haben die Sprachen relativ wenige Wörter zur Bezeichnung von Schwankungen der Lichtstärke. Dagegen nehmen Personen mit normalem Sehvermögen Schwankungen der Wellenlänge nicht als eine kontinuierliche variierende Eigenschaft des Lichts wahr (was sie tatsächlich ist), sondern als die vier Grundfarben Blau, Grün, Gelb und Rot sowie als zahlreiche Mischfarben in den Überlappungszonen. Wenn ein Zimmer von einfarbigem Licht kurzer Wellenlänge (Blau) durchflutet ist und die Wellenlänge dann allmählich erhöht wird, wird die Veränderung als ein stufenweiser Übergang von einer Grundfarbe zur nächsten erlebt. Die physiologische Grundlage dieser Illusion ist teilweise bekannt. Die angeborene Farbklassifikation beginnt mit der Differenzierung der Netzhautzapfen in drei Typen, deren Empfindlichkeitsmaxima den Farben Blau, Grün und Rot entsprechen. Die lichtempfindlichen Pigmente in den Zapfen sind Membranproteine, wobei das Pigmentmolekül Retinal jeweils an ein Apoprotein gebunden ist. Nachdem das Retinal durch Absorption eines Lichtquants vom *Cis-* in die *Trans*-Form überführt worden ist, macht das Apoprotein eine Konformationsänderung durch, die ihrerseits eine Depolarisierung einer afferenten Nervenzelle auslöst. Die chemische Struktur der roten und grünen Pigmente wurde jüngst aufgeklärt, und die sie codierenden Gene wurden lokalisiert und sequenziert. Auch die Mendelsche Genetik der Farbenblindheit wurde teilweise geklärt. Die weitere Farbcodierung geschieht in vier Klassen von Zwischenneuronen im Corpus geniculatum laterale des Thalamus, die zu den Verarbeitungszentren im visuellen Cortex führen.

Welchen Einfluß hat dies auf die Kultur? Die epigenetischen Randbedingungen des Farbensehens spiegeln sich in den Sprachen sämtlicher Kulturen wider, die bislang untersucht worden sind. In einer klassischen Untersuchung von Brent Berlin und Paul Kay wurde Muttersprachlern von zwanzig verschiedenen Sprachen (darunter Arabisch, Bulgarisch, Kantonesisch, Katalanisch, Hebräisch, Ibido, Japanisch, Thai, Tzelatan, Urdu und anderen) eine Gruppe von Spielmarken vorgelegt, die nach Farbe und Helligkeit entsprechend dem Munsell-System klassifiziert waren. Die Probanden wurden aufgefordert, die wichtigsten Farbwörter ihrer Sprache innerhalb dieses zweidimensionalen Schemas zuzuordnen. Die Ergebnisse belegen zweifelsfrei, daß sich die Sprachen in einer

Weise entwickelt haben, die weitgehend mit den epigenetischen Regeln der Farbunterscheidung übereinstimmt. Die Wörter gliedern sich in diskrete Cluster, die zumindest näherungsweise den wichtigsten Farben entsprechen, die von Natur aus unterschieden werden.

Eleanor Rosch hat die Stärke dieser Lerndisposition in einem Experiment genauer analysiert. Rosch machte sich bei ihrer Suche nach »natürlichen Kategorien« der Kognition die Tatsache zunutze, daß das Volk der Dani auf Neuguinea keine Wörter zur Bezeichnung von Farben hat; sie sprechen lediglich von *mili* (in etwa »dunkel«) und *mola* (»hell«). Rosch wollte folgende Frage beantworten: Lernen erwachsene Dani eine Liste von Farbbezeichnungen schneller, wenn die Farbwörter den Grundfarben, wie sie von den genetisch determinierten Strukturen der Netzhaut und des Sehnervs wahrgenommen werden, entsprechen? Anders gefragt: Wird kulturelle Innovation bis zu einem gewissen Grad durch angeborene genetische Randbedingungen kanalisiert? Rosch teilte die achtundsechzig teilnehmenden Dani in zwei Gruppen auf. Der einen Gruppe brachte sie eine Reihe neu erfundener Farbtermini bei, die den wichtigsten Farbkategorien des Farbspektrums (Blau, Grün, Gelb, Rot) entsprachen, auf denen die meisten natürlichen Wortfelder anderer Kulturen angesiedelt sind. Der zweiten Gruppe brachte sie eine Reihe neuer Wörter bei, die nicht mit den Hauptclustern anderer Sprachen übereinstimmten. Die erste Gruppe von Freiwilligen, die dem »natürlichen« Muster der Farbwahrnehmung folgte, lernte etwa doppelt so schnell wie jene, die die konkurrierenden, weniger natürlichen Farbwörter erhielten. Auch wählten sie eher diese Wörter aus, wenn man ihnen die freie Wahl ließ.

In einem parallelen Experiment zur »Psychoästhetik« maß Gerda Smets den durch geometrische Formen unterschiedlicher Komplexität ausgelösten Grad der physiologischen Erregung. Als Meßgröße verwandte sie die Blockade der Alphawellen, die im allgemeinen als Index des Erregungsgrads interpretiert wird, auch wenn sie nicht vom Wachbewußtsein begleitet wird. Die maximale Reaktion zeigte sich bei computergenerierten Figuren mit zwanzig Prozent Redundanz, einem Wert, wie er zum Beispiel auch in einem Labyrinth mit zehn bis zwanzig Ecken gefunden wird. Weniger Redundanz und mehr Redundanz lösen eine sehr viel geringere Erregung aus. Es dürfte kein Zufall sein, daß der Komplexitätsgrad von Logotypen, Ideogrammen, Friesornamenten, Gitterarbeiten und anderen Mustern, die spontan wiedererkannt werden und ästhetischen Genuß bereiten sollen, ebenfalls bei etwa zwanzig Prozent liegt. Anders gesagt: Die Entwicklung der Kunst und der Schriftsprache wurde möglicherweise nachhaltig von einer angeborenen Randbedingung der Kognition beeinflußt.

Diese genetische Verankerung der Lernbereitschaft zeigt sich vielleicht am eindrucksvollsten bei Phobien. Es handelt sich dabei um extreme, irrationale Ängste, die mit Übelkeit, kaltem Schweiß und anderen Reaktionen des zentralen Nervensystems einhergehen.

Bemerkenswerterweise werden die Phobien am leichtesten durch viele der größten Gefahren ausgelöst, die den Menschen früher in seiner Umwelt bedrohten, etwa enge Räume, Anhöhen, Gewitter, fließende Gewässer, Schlangen und Spinnen, während sie nur selten von den größten Gefahren der modernen technischen Zivilisation, wie etwa Gewehren, Messern, Autos, Sprengstoff und Steckdosen, hervorgerufen werden.

Die Übersetzung von Genen in Kultur

Um eine konkretere Vorstellung von der Gen-Kultur-Koevolution zu erhalten, wollen wir uns zwei außerirdische Zivilisationen auf weit entfernten Planeten vorstellen. Beide besitzen ungefähr einen gleich hohen kulturellen Entwicklungsstand wie die Menschheit und beide überliefern praktisch den gesamten Inhalt ihrer Kultur durch Lernen. In einer der Zivilisationen kann jedoch nur ein Element aus jeder Lernkategorie weitergegeben werden: eine Sprache, ein Liebeslied, eine Hochzeitszeremonie, eine Kriegstaktik und so weiter. In dieser extremen Form, der »rein genetischen Übertragung« von Kultur, schränken die Gene den Lernprozeß ein – auch wenn die Kultur in Schulen gelehrt und in Büchern aufgezeichnet wird. Dieses Szenario ist nicht einmal allzuweit hergeholt. Die Individuen dieser Spezies gleichen den kalifornischen Dachsammern, die den Gesang ihrer Art nur lernen, wenn sie ihn hören, aber taub gegen die Gesänge aller übrigen Vögel sind.

Die zweite außerirdische Art ähnelt äußerlich der ersten, aber ihr Geist gleicht einer *tabula rasa.* Den Bewohnern stehen alle kulturellen Möglichkeiten offen. Sie können jede Sprache, jedes Lied und jede Kriegstaktik mit annähernd gleicher Leichtigkeit erlernen. In diesem Szenario der »rein kulturellen Übertragung« steuern die Gene zwar den Aufbau von Körper und Gehirn, aber nicht das Verhalten. Der Geist ist ausschließlich ein Produkt der historischen Zufälle, wie etwa des Ortes, an dem die Außerirdischen leben, der Nahrungsmittel, auf die sie treffen, und der beiläufigen Erfindungen von Wörtern und Gesten.

Der Mensch nimmt natürlich eine mittlere Position zwischen diesen Extremen ein. Unser Sozialverhalten basiert auf genetisch-kultureller Übertragung: Wir können ein riesiges Spektrum von Möglichkeiten erlernen und erfinden häufig Neuerungen, aber aufgrund der biologischen Eigenschaften der Sinnesorgane und des Gehirns werden wahrscheinlich gewisse Optionen bevorzugt oder doch zumindest leichter erlernt als andere. In einigen Kategorien, wie etwa der Inzestvermeidung, sind die Optionen sogar stark eingeschränkt. In anderen, wie etwa dem semantischen Gehalt einzelner Sprachen (nicht aber den grammatischen Tiefenstrukturen), eröffnet sich eine breite Palette annähernd gleich starker Optionen.

Diese Konzeption der geistigen Entwicklung bringt uns zu der Frage, ob es bei der Auswahl von Kultur-

Genen zwischen den Mitgliedern einer bestimmten Gesellschaft, aber auch zwischen ganzen Gesellschaften Variationen gibt. Die Evolution der Kultur weist einige verblüffende Parallelen mit der genetischen Evolution auf. Neuerungen treten in einer Population nach Art von Mutationen auf, breiten sich wie Gene aus und werden durch Prozesse, die der natürlichen Selektion und der Zufallsdrift gleichen, gefördert beziehungsweise beseitigt. Die Wechselwirkung dieser biologisch verankerten Einheiten mit der Umwelt ist zumindest so komplex und analytisch vertrackt wie jene, die die genetische Evolution steuert. Zu den Variablen, die auf lange Sicht berücksichtigt werden müssen, gehört das spezifische Umfeld einer Gesellschaft, das Ausmaß ihres Kontakts mit angrenzenden Kulturen, die historischen Zufälle und die genetische Varianz ihrer Mitglieder.

Sozial- und Geisteswissenschaftler haben diese Fragestellungen bereits in der ihnen eigenen Sprache recht gründlich erkundet. Doch obgleich ihre Darstellungen der kulturellen Variation inhaltsreich und erhellend sind, dringen sie nicht bis zum biologischen Unterbau des Geisteslebens vor. Gewöhnliche induktive Beschreibungen von Verhalten und Kultur können dieses Ziel auch niemals erreichen; es genügt eben nicht, die Zitadelle selbst zu stürmen, wie Darwin sich ausdrückte. Ein indirekter Ansatz ist vielversprechender. Er rekonstruiert die kulturelle Variation zusammen mit zentralen Entwicklungstendenzen in einer kombiniert analytisch-synthetischen Weise, »von unten nach oben«, wobei er Erkenntnisse aus Biologie und kognitiver Psychologie dazu benutzt, in komplexere soziale Phänomene einzudringen.

Es liegt nahe, diese Analyse mit dem einfachen Fall einer genetisch homogenen menschlichen Population zu beginnen und dabei die kognitiven Prozesse zu betrachten. Bei Studien, die Charles Lumsden und ich in den Jahren 1980 bis 1982 durchführten und die wir in unserem 1984 erschienenen Buch *Das Feuer des Prometheus* beschrieben, befaßten wir uns mit dem Übergang von individuellem Lernen und individueller Willensbildung zu kultureller Vielfalt in einer relativ gleichförmigen Umwelt und bei fehlender genetischer Variation. Wir wollten herausfinden, welche Muster kultureller Vielfalt aus unterschiedlichen Formen und Intensitäten von Präferenzen in der kognitiven Entwicklung hervorgehen, und wir fragten, ob die beobachteten Muster der kulturellen Vielfalt mit unserem Wissen über diese Entwicklung in Einklang standen.

Als erstes machten wir die einfache Beobachtung, daß jedes Individuum bestimmte eheliche Bräuche, Bekleidungsweisen, ethische Gebote und so weiter bevorzugt. Und jedesmal, wenn Individuen ihre Erinnerungen verändern oder im Alltagsleben Entscheidungen treffen müssen, spielen sie komplexe kognitive Ereignisfolgen durch, die den spezifischen Restriktionen des semantischen Gedächtnisses gehorchen. Nicht alle Kultur-Gene werden bei der Verarbeitung gleich behandelt; die Kognition hat sich nicht zu einem völlig neutralen Filter entwickelt, und das Bewußtsein integriert und benutzt gewisse Kultur-

Gene eher als andere. Zudem verschieben sich mit dem Alter oftmals die Präferenzen, so daß sich ihre Muster mit den demographischen Merkmalen von Gesellschaften verändern.

Da solche Gebrauchspräferenzen einzeln und nur episodisch auftreten, kann man sie mit Hilfe von Übergangswahrscheinlichkeiten nähern; diese können dann in Änderungsraten umgerechnet werden, die als Markovsche Prozesse behandelt werden. Soziologische Studien haben gezeigt, daß derartige Modelle das Gedächtnis und den sozialen Kontext in einem solchen Maße einbeziehen können, daß sie sich mit realen Daten (wenn auch keineswegs mit allen) über Wahlentscheidungen von Individuen decken. Wir haben Möglichkeiten geprüft, Erfahrung und Gedächtnis einzubeziehen, um den erforderlichen Sprung zur kulturellen Variation noch realistischer zu machen.

Insbesondere die Übergangsraten von einer Alternative zur anderen werden von den Wahlentscheidungen, die bereits von anderen, das heißt vom kulturellen Kontext, getroffen wurden, beeinflußt. Dieser soziale Einfluß wurde bislang erst in wenigen quantitativen Studien untersucht, aber wir wissen immerhin, daß er zwischen den einzelnen Verhaltenskategorien erheblich schwankt. So vermeiden beispielsweise Individuen unabhängig von den Präferenzen ihrer Mitmenschen ihr gesamtes Leben hindurch den Geschwisterinzest, während Individuen in Menschenansammlungen sich in dem Maße an anderen ausrichten, wie deren Anzahl zunimmt.

Mit Hilfe dieser mathematischen Verfahren kann man die Willensbildung und die Auswirkungen sozialer Vernetzungen in Muster der kulturellen Vielfalt übersetzen. Obgleich dieses Stadium der Forschungsarbeit theoretisch ist, liefert es doch einige allgemeingültige Befunde, die so interessant sind, daß sie eine genauere Betrachtung verdienen. Als erstes weist das Verfahren die quantitative Beschreibung der kulturellen Vielfalt aus, die sich am leichtesten mit kognitionswissenschaftlichen Untersuchungen zur Deckung bringen läßt. Dies ist die *ethnographische Verteilung*; sie gibt die relativen Häufigkeiten der Gesellschaften an, in denen unterschiedliche Prozentsätze der Mitglieder jedes der konkurrierenden Kultur-Gene benutzen oder zumindest bevorzugen. Eine einfache ethnographische Verteilung würde folgendermaßen aussehen: in 52 Prozent der Gesellschaften ziehen sämtliche Mitglieder die Paarung mit Nichtverwandten dem Inzest vor, in 46 Prozent der Gesellschaften ziehen 99 Prozent der Mitglieder die Paarung mit Nichtverwandten vor, und in zwei Prozent der Gesellschaften ziehen 98 Prozent die außerverwandtschaftliche Paarung vor.

Ein bemerkenswertes Ergebnis dieser Modelle besteht darin, daß selbst dann ein erhebliches Maß an kultureller Vielfalt zu erwarten ist, wenn alle Gesellschaften eine starke genetische Disposition hinsichtlich einer bestimmten Kategorie von Kognition und Verhalten besitzen. Auch wenn die gesamte Menschheit eine ausgeprägte genetisch verankerte Disposition für die Paarung mit Nichtverwandten aufweisen sollte, bestehen zwischen den Gesellschaften starke Schwankungen hinsichtlich des Prozentsatzes der Individuen, die den Inzest ablehnen. Da die individuelle Willensbildung probabilistisch abläuft, erhält man keinen festen Prozentsatz an Individuen, die in allen Gesellschaften dieselben Entscheidung treffen, sondern vielmehr ein Muster der Vielfalt oder, anders gesagt, die Form der ethnographischen Verteilung. Jeder andere Grad der Präferenz für ein Kultur-Gen und jeder andere Grad der Beeinflußbarkeit durch die Entscheidungen der übrigen Mitglieder der Gesellschaft bringt eine andere ethnographische Kurve hervor. Für jede Kognitions- und Verhaltenskategorie scheinen die Menschen eine entwicklungsbedingte Disposition und Sensibilität spezifischer Stärke zu besitzen. Daher ist zu erwarten, daß das Ausmaß und das Muster der kulturellen Diversität zwischen diesen Kategorien variiert.

Es wird oft behauptet, die Existenz kultureller Vielfalt belege, daß es keine fundamentalen genetischen Randbedingungen geben könne. Diese Schlußfolgerung, die zunächst dem gesunden Menschenverstand zu entsprechen scheint, ist falsch: das bloße Faktum der Diversität sagt nichts über Randbedingungen aus. Andererseits können uns Muster der Vielfalt wichtige Aufschlüsse geben. Nach einem anderen verbreiteten Fehlschluß folgen aus der Existenz biologischer Einflüsse auf die kulturelle Vielfalt genetische Unterschiede zwischen den Gesellschaften. Lumsden und ich haben jedoch gezeigt, daß selbst in genetisch homogenen Populationen spezifische Muster der Vielfalt auftreten.

Die Modelle führen zu einem weiteren wesentlichen Befund der Gen-Kultur-Theorie. Relativ geringfügige Präferenz- und Sensibilitätsunterschiede in der Größenordnung, wie sie in verschiedenen menschlichen Kognitions- und Verhaltenskategorien auftritt, reichen aus, um große Unterschiede in ihren Mustern kultureller Vielfalt zu erzeugen. Am bemerkenswertesten aber ist, daß die Verteilungen relativ rasch von einem Modus in mehrere Modi übergehen (ein Modus ist eine Häufigkeit, die höher ist als die umgebenden Frequenzen), sobald die Sensibilität verändert wird. Diese Unterschiede sind so groß, daß sie selbst anhand relativ ungenauer ethnographischer oder soziologischer Daten nachgewiesen werden können. Sie zeigen, daß die Befunde von kognitions- und sozialpsychologischen Studien als Teil einer allgemeinen quantitativen Kulturtheorie direkt in die Anthropologie und Soziologie integriert werden können.

Die Kultur ist tief in der Biologie verwurzelt. Ihre Evolution wird von den epigenetischen Regeln der geistigen Entwicklung gelenkt, die ihrerseits genetisch verankert sind. Wir können nunmehr den gesamten Kausalnexus von der genetischen Steuerung über die Entstehung der Kultur und wieder zurück zu Änderungen von Genfrequenzen durch die natürliche Selektion übersehen. Ein Teil des Kreislaufs der Gen-Kultur-Koevolution, wie dieser wechselbezügliche Prozeß genannt wird, ist bereits dokumentiert worden, und einige der Schlüsselschritte sind mit analytischen Modellen beschrieben worden. Die weitere Erkundung dieser Koevolution dürfte vielversprechende Beiträge zu einer künftigen Kulturtheorie liefern.

Der Paradiesvogel:
Der Jäger und der Dichter

Die Aufgabe der Wissenschaft besteht wie die der Kunst darin, naheliegende Bilder mit vagen Bedeutungen zu verschmelzen – jene Teile, die wir bereits verstehen, mit neuen Aspekten zu größeren Mustern zusammenzustellen, die so kohärent sind, daß sie als Wahrheit anerkannt werden. Die Biologen erkennen diesen Zusammenhang intuitiv auf ihren Feldstudien, bei denen sie darum ringen, Ordnung in die unendlich vielgestaltigen Muster der Natur zu bringen.

Versetzen wir uns auf die Halbinsel Huon auf Neuguinea, die etwa die Größe und Form von Rhode Island besitzt, eine Wind und Wetter ausgesetzte hornförmige Ausbuchtung, die an der Nordostküste der Hauptinsel vorspringt. Im Alter von fünfundzwanzig Jahren und im Besitz eines neu erworbenen Doktorhuts von Harvard sowie voller Träume von Abenteuern an entlegenen Orten mit unaussprechlichen Namen, nahm ich all meinen Mut zusammen und brach zu einer schwierigen und gefährlichen Exkursion quer über die Halbinsel auf. Vom Tiefland mich langsam in die höchsten Gebirgsregionen vorarbeitend, wollte ich Ameisen und einige andere Kleintierarten sammeln. Meines Wissens war ich der erste Biologe, der diese schwierige Route nahm. Ich wußte, daß sich die sorgfältige Dokumentation praktisch all meiner Funde lohnen würde und daß alle Exemplare, die ich sammelte, in Museen willkommen sein würden.

Nach einem dreitägigen Marsch von einer Missionsstation nahe der Stadt Lae an der Südküste der Halbinsel erreichte ich den Grat des Sarawaget-Gebirges, etwa 3600 Meter über dem Meeresspiegel. Ich befand mich jenseits der Baumgrenze, in Grasland, das mit Palmfarnen, gedrungenen Nacktsamer-Pflanzen, die verkümmerten Palmen glichen und deren Ursprung bis ins Mesozoikum zurückreicht, gesprenkelt war (vielleicht haben Dinosaurier vor achtzig Millionen Jahren eng verwandte Ahnformen dieser Palmfarne abgeäst). An einem frostigen Morgen, als die Sonne durch die Wolken brach, stellten meine Papua-Führer ihre Jagd mit Hunden und Pfeilen auf Felsenkänguruhs ein, ich hörte auf, Käfer und Frösche in mit Alkohol gefüllte Flaschen zu stecken, und zusammen genossen wir das seltene Panorama. Im Norden machten wir die Bismarck-See aus, im Süden das Markham-Tal und die weiter entfernten Herzog-Berge. Der Primärwald, der den größten Teil dieses gebirgigen Landes bedeckte, zerfiel in je nach Höhenlage unterschiedlich zusammengesetzte Vegetationsbänder. Die Zone unmittelbar unter uns war der Nebelwald, ein Labyrinth dicht verflochtener Baumstämme und Äste, die eingehüllt waren in eine dicke Schicht aus Moos, Orchideen und anderen Aufsitzerpflanzen, deren riesig lange Ausläufer an den Baumstämmen herab und kreuz und quer über den Waldboden krochen. Die Verfolgung von Wildfährten in diesem Hochland glich dem Kriechen durch eine schwach erleuchtete Höhle, die von einem schwammigen grünen Teppich überzogen ist.

Dreihundert Meter unter uns lichtete sich die Pflanzendecke ein wenig und nahm das Aussehen eines typischen Tiefland-Regenwaldes an, wenn man einmal davon absieht, daß die Bäume dichter standen und kleiner waren und daß sich nur ein paar an der Basis zu einem Kreis halmdünner Stelzen weiteten. Die Botaniker nennen diese Zone Bergwaldstufe. Es ist eine verzauberte Welt mit Tausenden Arten von Vögeln, Fröschen, Insekten, Blütenpflanzen und anderen Organismen, von denen viele nirgendwo sonst vorkommen. Zusammen bilden sie eines der mannigfaltigsten und fast unverfälschten Segmente der Flora und Fauna Papua-Neuguineas. Wer diesen Bergwald besucht, wird in einen Lebensraum zurückversetzt, wie er vor dem Erscheinen des Menschen, vor Tausenden von Jahren, existierte.

Das Juwel dieser Szenerie ist das Männchen des Blauen Paradiesvogels (*Paradisaea guilielmi*), der wohl schönste Vogel der Welt, gewiß aber eine der zwanzig Vogelarten mit dem prächtigsten Federschmuck. Wenn man leise über schmale Trampelpfade wandert, erhascht man womöglich einen flüchtigen Blick von einem Exemplar, das auf einem flechtengeschmückten Ast in der Nähe der Baumkronen hockt. Sein Kopf gleicht dem einer Krähe – was nicht verwunderlich ist, da die Paradiesvögel und die Rabenvögel einer gemeinsamen Abstammungslinie entspringen –, doch damit hat die äußere Ähnlichkeit mit einem gewöhnlichen Vogel auch schon ihr Bewenden. Der Schopf und der obere Brustbereich des Vogels weisen eine metallisch grüngelbe Färbung auf und schimmern im Sonnenlicht. Der Rücken ist gelblich glänzend, und die Flügel und der Schwanz sind tief kastanienbraun gefärbt. Büschel elfenbeinweißer Federn sprießen aus den Flanken sowie den Seiten der Brust und nehmen zu den Enden hin eine spitzenartige Textur an. Die Steuerfedern laufen in schraubenartige Anhängsel aus, die sich über eine Entfernung, die der Gesamtlänge des Vogels entspricht, über die Schwanzspitze hinaus erstrecken. Der Schnabel ist blaugrau, die Augen sind hellgelbbraun und die Krallen braun und schwarz.

In der Paarungszeit finden sich die Männchen auf Balzplätzen ein, die auf Ästen nahe der Baumkronen gelegen sind; dort führen sie den unauffälligeren Weibchen ihr prächtiges Zierkleid vor. Das Männchen spreizt seine Flügel und läßt sie vibrieren, während es die zarten Flankenfedern anhebt. Es stößt laute Rufe aus, die an anschwellende Flötentöne erinnern, und neigt den Kopf tief nach unten, wobei es Flügel und Schwanz spreizt und seine Steuerfedern himmelwärts richtet. Der Tanz erreicht einen Höhepunkt, wenn es seine grünen Brustfedern aufplustert und die Flankenfedern ausbreitet, bis sie eine strahlend weiße Krone um seinen Körper bilden, aus der nur Kopf, Schwanz und Flügel herausragen. Das Männchen wiegt sich sanft hin und her und versetzt dadurch die Federn in graziöse Schwingungen, so als würden sie von einer leichten Brise erfaßt. Aus der Ferne betrachtet, gleicht sein Körper nunmehr einer sich drehenden und leicht eiernden weißen Scheibe.

Dieses spektakuläre Schauspiel im Huon-Wald wurde über Tausende von Generationen hinweg von der natürlichen Selektion geformt: die Männchen konkurrierten miteinander, die Weibchen trafen ihre Wahl, und das Balzkleid entwickelte seine extreme visuelle Auffälligkeit. Doch dies ist nur ein Merkmal, denn unter seiner gefiederten Oberfläche besitzt der Blaue Paradiesvogel einen Organismus, der den Höhepunkt einer ebenso alten Geschichte markiert, mit Details, die weit über das hinausgehen, was man aufgrund seines prächtigen Farbenspiels und seiner hohen Tanzkunst erwarten würde.

Betrachten wir einen solchen Vogel analytisch, als Objekt biologischer Forschung. In seinen Chromosomen ist das Entwicklungsprogramm codiert, welches das Männchen von *Paradisaea guilielmi* hervorbringt. Sein Nervensystem ist ein Gefüge aus Fasersträngen, das komplexer ist als das jedes heutigen Computers, und es zu erforschen stellt eine genauso große Herausforderung dar wie die Erkundung sämtlicher Regenwälder Neuguineas zu Fuß. Eines Tages werden uns mikroskopische Untersuchungen erlauben, die Ereignisse nachzuvollziehen, die in den elektrischen Befehlen gipfeln, die die efferenten Neuronen an das System der Skelettmuskulatur übermitteln, und so, zum Teil, den Balztanz des Männchens zu reproduzieren. Wir werden diese Maschinerie aus enzymatischer Katalyse, Mikrofilament-Konfiguration und aktivem Natriumtransport während der elektrischen Entladung auf Zellebene analysieren und verstehen. Da die Biologie das gesamte Spektrum von Raum und Zeit absucht, werden immer mehr Entdeckungen unseren Sinn für das Wunderbare in jeder Phase der Forschung erneuern. Die Exkursion des Zellbiologen, der seinen Wahrnehmungshorizont auf Mikrometer und Millisekunde hin erweitert, entspricht der Reise des Naturforschers durch unbekanntes Gebiet. Er genießt den Rundblick, wie er sich von seinem »Berggipfel« aus darbietet. Seine Abenteuerlust und seine persönliche Geschichte aus Mühsal, falschen Fährten und Triumph ist grundsätzlich die gleiche wie die des Naturforschers.

Es mag den Anschein haben, als sei der auf diese Weise beschriebene Paradiesvogel in eine Metapher dessen verwandelt worden, was den Geisteswissenschaftlern an der Naturwissenschaft am meisten mißfällt: daß sie nämlich die Natur reduktionistisch betrachte und keinen Sinn für die Kunst habe, daß Naturwissenschaftler Konquistadoren seien, die das Gold der Inkas einschmölzen. Doch die Naturwissenschaft ist nicht bloß analytisch, sondern auch synthetisch. Wie der Künstler stützt sie sich auf Intuition und Metaphorik. Es stimmt zwar, daß man das individuelle Verhalten in den anfänglichen Stadien der Analyse mechanistisch auf die Ebene der Gene und der Neuronen zurückführen kann. Doch in der synthetischen Phase bringt selbst die elementarste Aktivität dieser biologischen Einheiten auf der Ebene des Organismus und der Gesellschaft vielgestaltige und subtile Muster hervor. Die äußeren Merkmale von *Paradisaea guilielmi*, sein Federkleid, sein Tanz und seine Lebensgewohnheiten sind funktionale Merkmale, die sich durch exakte Beschreibung ihrer konstitutiven Teile besser verstehen lassen. Man kann sie als ganzheitliche Eigenschaften umdefinieren, die unsere Wahrnehmung und unsere Emotionen in überraschender Weise verändern.

Es wird die Zeit kommen, da wir den Paradiesvogel durch Synthese all der mühsam erlangten analytischen Informationen rekonstruieren werden. Der Geist wird mit Hilfe einer neu entdeckten Fähigkeit zurückreisen in die ihm vertraute Welt der Sekunden und Zentimeter, in der das funkelnde Federkleid wieder seine ursprüngliche Gestalt annimmt und aus der Ferne im dunstverhangenen Blattwerk erspäht wird. Wieder sehen wir das strahlende Auge, den sich drehenden Kopf, die gespreizten Flügel. Doch die vertrauten Gefühle sind jetzt durch ein sehr viel längeres Band von Ursache und Wirkung vermittelt. Wir verstehen die Art vollständiger; irreführende Fehlvorstellungen sind umfassenderer Einsicht und Gelehrsamkeit gewichen. Wenn der Kreis der Erkenntnis geschlossen ist, wird die wissenschaftliche Suche nach dem wahren physischen Wesen der Art teilweise durch die dauerhafteren Antworten des Jägers und Dichters ersetzt.

Wie lauten diese altüberlieferten Antworten? Die

vollständige Antwort erhält man nur in einer gemeinsamen Sprache von Natur- und Geisteswissenschaften, mit der die Forschung zu ihrem eigenen Ursprung zurückkehrt. Wie der Paradiesvogel harrt auch der Mensch der Erforschung nach analytisch-synthetischer Methode. Gefühl und Mythos lassen sich vage in den Schöpfungen der traditionellen Kunst betrachten. Aber man kann auch tiefer, als es im vorwissenschaftlichen Zeitalter je möglich war, in ihre physische Basis in den Prozessen der geistigen Entwicklung, der Hirnstruktur und der Gene selbst eindringen. Vielleicht wird es sogar möglich sein, sie über den Zeitpunkt der Entstehung der Kulturen hinaus, bis zum evolutionsgeschichtlichen Ursprung des Menschen zurückzuverfolgen. Mit jeder neuen Etappe synthetischer Erkenntnis, die aus der biologischen Forschung erwächst, werden die Geisteswissenschaften ihren Wirkungsbereich und ihre Fähigkeiten erweitern. Und umgekehrt wird die Naturwissenschaft bei jeder Neuausrichtung der Geisteswissenschaften die Humanbiologie um neue Dimensionen bereichern.

Das Füllhorn

der Natur

Die kleinen Wesen, die die Welt regieren

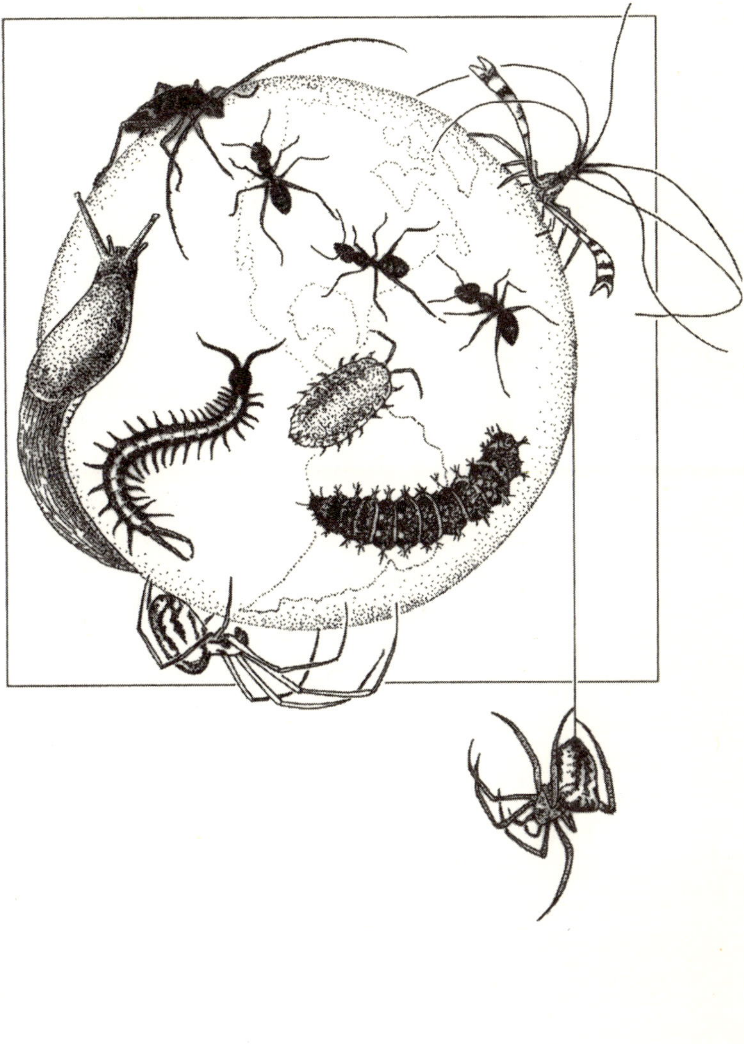

Es gibt sehr viel mehr Arten von Wirbellosen als Wirbeltierarten. Im Jahre 1988 veranschlagte ich auf der Grundlage einer Auswertung der einschlägigen Literatur, die ich mit Hilfe von Spezialisten zusammenstellte, die Gesamtzahl der wissenschaftlich beschriebenen Wirbeltierarten auf 42580, darunter 6300 Reptilienarten, 9040 Vogelarten und 4000 Säugetierarten. Dagegegen wurden bislang 990 000 Arten von Wirbellosen beschrieben, darunter allein 290 000 Käferarten – eine Zahl, die siebenmal so hoch ist wie die Zahl aller Wirbeltierarten zusammen. Neuesten Schätzungen zufolge soll sich die Anzahl der wirbellosen Arten sogar auf zehn Millionen oder mehr belaufen.

Wir wissen nicht mit Sicherheit, weshalb die Wirbellosen eine solche Artenvielfalt hervorgebracht haben; doch einer weitverbreiteten Auffassung nach ist ihre geringe Körpergröße das Schlüsselmerkmal. Ihre Nischen sind entsprechend klein, und daher können sie ihren Lebensraum in sehr viel mehr kleine Bereiche aufteilen, in denen Spezialisten koexistieren können. Zu meinen Lieblingsbeispielen für solche Spezialisten, die in Mikro-Nischen leben, gehören die Milben, die die Körper von Treiberameisen besiedeln: eine Art findet sich ausschließlich auf den Mandibeln der Soldatenkaste, auf denen sie sich festsetzt, um am Mahl ihrer Wirte teilzuhaben; eine andere Art hat sich auf die Hinterbeine der Soldatenkaste kapriziert, von deren Blut sie sich ernährt; und so weiter durch eine lange Liste vielgestaltiger, bizarrer Anpassungen.

Ein weiterer möglicher Grund für die Artenvielfalt der Wirbellosen ist das höhere Alter dieser Kleintiere, infolgedessen sie mehr Zeit hatten, die Umwelt zu erkunden. Die ersten Wirbellosen erschienen bereits im Präkambrium, vor spätestens 600 Millionen Jahren. Die meisten Stämme der Wirbellosen standen bereits in voller Blüte, bevor die Wirbeltiere, vor etwa 500 Millionen Jahren, die Bühne betraten.

Die Wirbeltiere regieren die Erde auch kraft ihrer schieren Körpermasse. So beherbergt etwa der tropische Regenwald bei Manaus, im brasilianischen Amazonasgebiet, pro Hektar einige Dutzend Vögel und Säuger, aber weit über eine Milliarde Wirbellose, unter denen Milben und Springschwänze bei weitem die Mehrheit bilden. Jeder Hektar enthält etwa zweihundert Kilogramm Trockenmasse tierischen Gewebes, davon stammen 93 Prozent von den Wirbellosen. Ein Drittel dieser Biomasse setzt sich aus Ameisen und Termiten zusammen. Wenn Sie also durch einen Tropenwald spazieren oder auch durch eines der meisten anderen Landhabitate, oder wenn Sie über einem Korallenriff schnorcheln oder einen sonstigen Lebensraum im Meer oder in einem See erkunden, dann fallen Ihnen zwar vermutlich überwiegend Wirbeltiere ins Auge – Biologen würden sagen, daß Ihr Suchbild auf große Tiere ausgerichtet ist –, aber eigentlich besuchen Sie eine von Wirbellosen beherrschte Welt.

Es ist ein weitverbreiteter Irrtum zu glauben, die Wirbeltiere seien die Herren der Erde, die die Vegetation niederreißen, Pfade durch den Wald bahnen und den größten Teil der Energie verbrauchen. Das mag auf einige wenige Ökosysteme zutreffen, wie etwa die afrikanischen Savannen mit ihren großen Herden pflanzenfressender Säugetiere. Und es trifft seit den letzten Jahrhunderten auch auf unsere eigene Art zu, die sich nun in der einen oder anderen Form sage und schreibe vierzig Prozent der Sonnenenergie aneignet, welche die Pflanzen aufnehmen. Aufgrund dieser Tatsache stellen wir eine so große Bedrohung für die störungsanfälligen Lebensräume der Erde dar. Doch in den meisten Regionen der Erde sind die Wirbellosen die eigentlichen Herren. So sind beispielsweise in Mittel- und Südamerika die Blattschneiderameisen – und nicht etwa das Rotwild, die Nagetiere oder die Vögel – die größten Konsumenten von Pflanzen. Eine einzige Kolonie von Blattschneiderameisen besteht aus mehreren Millionen Arbeiterinnen. Ihre Beutezüge, auf denen sie Blätter, Blütenteile und saftreiche Stengel ernten, führen sie hundert Meter und mehr von ihrem Nest weg. Jeden Tag sammelt eine vollentwickelte Kolonie im Schnitt fünfzig Kilogramm dieser frischen Pflanzenteile ein, mehr als der durchschnittliche Tagesbedarf eines Rindes. Die Arbeiterinnen graben vertikale Laufgänge und Nestkammern bis zu fünf Meter tief ins Erdreich hinein. Zusammen mit Bakterien, Pilzen, Termiten und Milben verarbeiten die Blattschneiderameisen und andere Ameisenarten den größten Teil der abgestorbenen Vegetation und führen deren Nährstoffe wieder den Pflanzen zu, wodurch sie die großen tropischen Regenwälder am Leben erhalten.

Ganz ähnlich ist die Situation in anderen Gegenden der Welt. Die Korallenriffe bestehen aus den Körpern von Hohltieren. Die häufigsten Tiere der Hochsee sind Ruderfußkrebse, winzig kleine Krebstiere, die einen Teil des Planktons bilden. Der Schlick am Boden der Tiefsee ist die Heimat einer riesigen Palette von Weichtieren, Krebstieren und anderen kleinen Geschöpfen, die sich von den Bruchstücken von Holz und Tierleichen, die aus den lichtreichen Zonen nahe der Meeresoberfläche herabsinken, und voneinander ernähren.

In Wahrheit sind wir auf die Wirbellosen angewiesen, während die Wirbellosen bestens ohne uns auskommen. Wenn die Menschheit morgen verschwände, hätte dies nur geringfügige Auswirkungen auf den Lebensraum Erde. Gaia, die Gesamtheit der Lebewesen der Erde, würde einen Prozeß der Selbstheilung durchlaufen und in jenen Zustand üppiger biologischer Mannigfaltigkeit zurückkehren, in dem sie sich vor 100 000 Jahre befand. Würden hingegen die Wirbellosen verschwinden, dann folgte ihnen die Menschheit höchstwahrscheinlich binnen weniger Monate. Die meisten Fische, Amphibien, Vögel und Säugetiere stürben etwa zur selben Zeit schlagartig aus. Als nächstes schwände das Gros der Blütenpflanzen dahin und mit ihnen die physische Struktur der meisten Wälder und anderen Landhabitate der Erde. Die Böden würden verrotten. Mit zunehmender Anhäufung und Austrocknung abgestorbener Pflanzen würden sich die Kanäle der Nährstoffkreisläufe verengen und schließlich verstopfen, so daß weitere höhere Pflanzenformen und mit ihnen die letzten Überreste der Wirbeltiere ausstürben. Die verbleibenden Pilze gingen nach einer explosionsartigen Vermehrung gewaltigen Ausmaßes ebenfalls zugrunde. Binnen weniger Jahrzehnte fiele die Erde in den Zustand zurück, in dem sie sich vor einer Milliarde Jahren befand, als sie hauptsächlich von Bakterien, Algen und einigen anderen sehr primitiven vielzelligen Pflanzen besiedelt war.

Neben diesen Funktionen, die uns völlig von ihnen abhängig machen, stellen diese kleinen Geschöpfe, die die Welt regieren, eine unerschöpfliche Quelle für neue wissenschaftliche Erkenntnisse und erstaunliche naturkundliche Überraschungen dar. Wenn Sie in einem beliebigen Lebensraum – mit Ausnahme nur der ödesten Wüsten – zwei Handvoll Boden aufnehmen und analysieren, dann werden Sie darin Tausende von Wirbellosen finden, angefangen von mit bloßem Auge sichtbaren Ameisen und Springschwänzen bis hin zu mikroskopisch kleinen Bär- und Rädertierchen. Die Biologie der meisten Arten, die Sie in Händen halten, ist unbekannt: Wir wissen kaum etwas über ihre Ernährungsweise, ihre Freßfeinde und die Einzelheiten ihres Lebenszyklus und oftmals gar nichts über ihre

Biochemie und ihre Genetik. Einige der Arten haben vermutlich nicht einmal einen wissenschaftlichen Namen. Wir haben nur eine äußerst vage Vorstellung davon, wie wichtig sie für unser Überleben sind. Ihre Erforschung würde uns zweifellos neue wissenschaftliche Prinzipien offenbaren, die sich zum Wohle der Menschheit nutzen ließen. Jede einzelne Art übt eine ihr eigene Faszinationskraft aus. Ließen die Menschen sich nicht so einseitig von schierer Größe beeindrucken, dann nötigte ihnen eine Ameise mehr Staunen ab als ein Nashorn.

Wir sollten mehr für die Erhaltung der Wirbellosen tun. Ihre unglaubliche Fülle und Vielfalt sollte uns nicht zu der Annahme verleiten, daß sie unverwüstlich seien. Ganz im Gegenteil: Ihre Arten sind durch menschliche Eingriffe genauso bedroht wie die Vogel- und Säugetierarten. Wenn ein Tal in Peru oder eine Insel im Pazifik seiner/ihrer letzten Relikte bodenständiger Pflanzen beraubt wird, dann führt dies wahrscheinlich zum Aussterben mehrerer Vogelarten und einiger Dutzend Pflanzenarten. Obwohl wir uns dieser Tragödie schmerzlich bewußt sind, verkennen wir, daß auch Hunderte Arten Wirbelloser verschwinden werden.

Der Aufstieg der Systematik

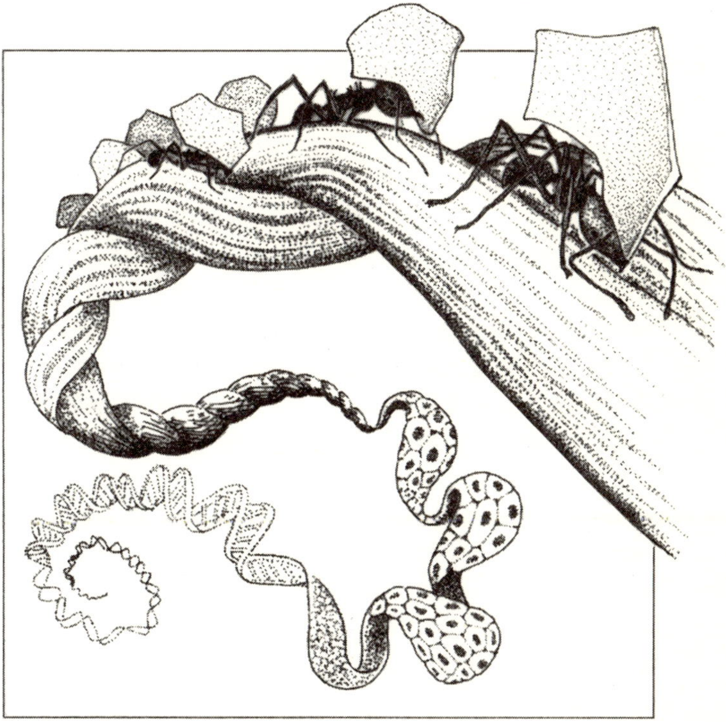

Gewisse metaphysische Konstrukte, die der Wissenschaftshistoriker Gerald Holton als »Themata« der Wissenschaft bezeichnet hat, sind wirkungsmächtiger – und stabiler – als gewöhnliche Theorien. Isaaac Newtons Idee eines von Gott verfaßten Buchs der Natur, Charles Darwins Vision von der Erhabenheit der natürlichen Selektion und Friedrich Engels Beschreibung der dialektischen Synthese sind vielleicht die bekanntesten Beispiele. Diese metaphysischen Leitbegriffe haben nicht nur den Rahmen der Theoriebildung festgelegt, sondern auch die Art und Weise beeinflußt, wie Wissenschaftler über ihr Lebenswerk denken. Meinem Eindruck nach vollzieht sich ein solcher Themenwechsel gerade in der Biologie.

Sofern ich diesen Wandel richtig interpretiere, wird er schließlich wieder einer älteren, robusteren Auffassung vom Zweck der Biologie zum Durchbruch verhelfen. Bis in die fünfziger Jahre des 20. Jahrhunderts konzentrierten sich die Biologen nämlich eher auf taxonomische Gruppen, wie die Insekten, die Pilze und die Blütenpflanzen, als auf Organisationsebenen, wie etwa Makromoleküle, Zelle, Organismus und Ökosystem. In den fünfziger Jahren vollzog sich dann ein

Wechsel, der sich für die aufkommende Molekularbiologie und Zellbiologie als äußerst fruchtbar erweisen sollte. Darin kam die Überzeugung zum Ausdruck, daß man nur durch intensive Erforschung der Organisationsebenen und nicht durch die spezialisierte Untersuchung bestimmter Organismenarten zu biologischen Gesetzen oder Prinzipien gelangen könne. Diese Anschauung wird jedoch heute von einer anderen, ausgewogeneren Sichtweise der Wissenschaft vom Leben abgelöst, und zwar wie folgt: Während einige Biologen in naher Zukunft weiterhin ausschließlich in Kategorien von Organisationsebenen denken und nach den weitestgehenden Verallgemeinerungen suchen werden, wird sich eine wachsende Zahl wieder der Erforschung bestimmter Gruppen von Organismen, und zwar auf sämtlichen Organisationsebenen, zuwenden. Diesem Wechsel liegt die Überzeugung zugrunde, daß jede Gruppe von Organismen einen fundamentalen, unveränderlichen Wert an sich darstellt. Daher dürfte sich der Schwerpunkt von den Ebenen der biologischen Organisation zu taxonomischen Gruppen hin verlagern, die auf allen Organisationsebenen erforscht werden. Dieser Wechsel läßt sich metaphorisch als Rotation aus einer fast horizontalen in eine mehr vertikale Ausrichtung beschreiben, wobei jedoch die Drehung keine vollen neunzig, sondern nur etwa 45 Grad beträgt.

Dies wird zu einer Pluralisierung der Biologie führen und dazu, daß der sachkundige Zoologe oder Botaniker wieder eine Schrittmacherrolle in der biologischen

Forschung einnimmt. Unter Pluralisierung verstehe ich die zunehmende Wertschätzung für und Erforschung von bestimmten Gruppen von Organismen um ihrer selbst willen. Anders gesagt, taxonorientierte Wissenschaftszweige wie etwa die Herpetologie (Amphibien- und Reptilienkunde) und Nematologie (Lehre von den Fadenwürmern) werden den Boden wiedergewinnen, den sie an ebenenorientierte Disziplinen wie die Zellbiologie und die Ökologie verloren haben. Das Wort »fundamental«, mit dem die Molekular- und Zellbiologie so großzügig bedacht wurde, gilt fortan nicht mehr nur für weitgehend allgemeingültige Erkenntnisse, die sich auf eine oder zwei Organisationsebenen beziehen, sondern auch für bedeutende Entdeckungen an einzelnen Taxa, auch wenn die Erkenntnisse nicht ohne weiteres auf andere Taxa übertragen werden können.

Dieser Wechsel ist kein Rückschritt; die Biologie soll nicht auf die Stufe der überholten, rein deskriptiven Naturgeschichte zurückfallen. Vielmehr erstreckt sich der Horizont des neuen Naturforschers von der molekularen bis zur Populationsebene: Die Evolutionsbiologen eignen sich molekulare Techniken an, und die Molekularbiologen interessieren sich für die Evolution der von ihnen erforschten Organismen. Wenn sich die Biologen verstärkt bestimmten Gruppen von Organismen zuwenden, werden sie zwangsläufig eine gemeinsame Terminologie und Methodik herausbilden. Herpetologen, Nematologen und die mit ihnen zusammenarbeitenden Molekularbiologen haben bereits begonnen, sich in einer neuen, gemeinsamen Sprache erfolgreich miteinander zu verständigen.

Die anstehende Pluralisierung

Der erste Trend, der auf eine solche theoretische Neuausrichtung hindeutet, ist die wachsende Einsicht, daß es in der Biologie (wenn überhaupt) nur wenige universelle Prinzipien gibt, die sowohl exakt als auch umfassend gültig sind. Die große Mehrzahl der Forschungsprojekte in der Molekular- und der Zellbiologie sowie in den Disziplinen, die höhere Organisationsebenen erforschen, fördern in der Regel Erkenntnisse zutage, die zwar gemeinsam in der Physik wurzeln, aber lediglich für bestimmte Arten oder allenfalls begrenzte Gruppen von Arten gelten. Betrachten wir drei Paradebeispiele für grundlegende Entdeckungen: die Endozytose durch neutrophile Leukozyten, die Wirkung von Juvenilhormonen bei holometabolen Insekten (Insekten mit vollkommener Metamorphose) und die dichteabhängige Populationsbegrenzung bei Nagetieren. Keiner dieser Befunde gilt außerhalb der taxonomischen Gruppe, in der er entdeckt wurde. Sie haben vor allem einen heuristischen Wert, das heißt, die Entdeckungen regen die Suche nach parallelen oder analogen Phänomenen in größeren Gruppen von Organismen an. Sie werden als Musterbeispiele für Kategorien angeführt, die möglicherweise auf höheren Ebenen der Allgemeingültigkeit abstrahiert werden können.

Neue allgemeingültige Prinzipien – dieser »Gral« der Biologie – lassen sich immer schwerer auffinden. Die Dichteabhängigkeit beispielsweise kommt nur bei einigen Arten vor und nimmt verschiedene Formen an, die man nur verstehen kann, wenn man den Lebenszyklus jeder einzelnen Art und das Ökosystem, in dem sie lebt, kennt. Das gleiche gilt für die Immunchemie, die Chemorezeption, die Verwandtenselektion und so weiter. Ich sehe ein bemerkenswertes Merkmal der Biologie darin, daß zwar das Faktenwissen exponentiell zunimmt – mit einer Verdopplungszeit von vielleicht zehn bis zwanzig Jahren –, die Anzahl der allgemeingültigen Entdeckungen pro Jahr und Forscher dagegen steil zurückgeht. Ein Hauptgrund für diesen Trend ist die Geschichtlichkeit biologischer Phänomene, die Sonderfälle erzeugt und die Allgemeingültigkeit proportional zur Tiefe des Verstehens untergräbt.

Der rasche Erkenntnisfortschritt während der Phase, in der sich die Biologie am Modell der Organisationsebenen orientierte, birgt schon die Keime des Niedergangs der Forschung in sich, die auf eine oder zwei benachbarte Organisationsschichten beschränkt ist. Neue Methoden werden schon bald nach ihrer Erfindung nach dem Baukastenprinzip ausgelegt – umgeformt in durchrationalisierte, teilautomatisierte Montagesätze und allen verfügbar gemacht. Einstmals geheimnisvolle Techniken wie etwa die Elektronenmikroskopie, die Aminosäuresequenzierung und die multivariable Analyse wurden in leichtverständlichen Bedienungsanweisungen für kommerziell vermarktete

Meßgeräte umgewandelt. So entstand von selbst eine Art Symbiose zwischen den Disziplinen. Systematiker vergleichen heute routinemäßig Proteine, während Molekularbiologen Stammbäume entwerfen.

Gleichzeitig betonen die Biologen erneut die Einzigartigkeit jeder Art, die mehr sei als bloß eine Zusammenstellung miteinander verwandter Organismen und sehr viel mehr als eine austauschbare Einheit auf der Populationsebene der Organisation. Wenn Sie eine Blattkäferart gesehen haben, dann haben Sie mitnichten alle gesehen. Tatsächlich wissen Sie noch immer herzlich wenig über die Familie der Blattkäfer. Jede Art enthält in ihren Genen zwischen einer Million und einer Milliarde Bits an Information, die während einer mittleren Lebensspanne von je nach taxonomischer Gruppe zwischen einer bis zehn Millionen Jahren durch eine nahezu unvorstellbar große Zahl von Mutations-, Rekombinations- und Selektionsereignissen zusammentragen wurde. Und je besser wir eine Art verstehen, um so größer ist die Wertschätzung der an ihr vorgenommenen Forschungen.

Was bedeutet diese Eigentümlichkeit für das Verständnis des Lebens als Ganzes? Niemand kennt die Gesamtzahl der rezenten Arten von Organismen einschließlich Tieren, Pflanzen und Mikroorganismen, doch vermutlich dürfte sie mindestens fünf Millionen, nach manchen Schätzungen aber auch bis zu hundert Millionen betragen. Man nimmt an, daß diese Zahl, gleich, wie hoch sie ist, weniger als ein Prozent aller Arten ausmacht, die jemals auf der Erde lebten. Demnach haben wir eben erst mit einer gerade mal oberflächlichen Sichtung der rezenten und ausgestorbenen Lebensformen auf der Erde begonnen.

Insofern sich die Biologie diese Sichtweise zu eigen macht, wird der rein historische Ablauf der Entwicklung an Bedeutung gewinnen. Da die meisten biologischen Phänomene nur in einem kleinen Teil der Stammeslinien auftreten, gewinnt ihr Entstehungsmuster eigenständige Bedeutung. Die Stammesgeschichte (die Verzweigungsmuster) und die evolutionären Stufen (die erreichten Anpassungsniveaus) gehören ebenso zum Kern der Biologie wie jene vereinzelten Organisationsregeln, welche bislang auf so dürftige Weise die Einheit der Biologie als Wissenschaft gewährleisteten.

Daraus dürfte folgen, daß wir die wahren vereinheitlichenden Prinzipien um so rascher entdecken werden, je umfassender wir die biologische Vielfalt erforschen. Die Gesetze der Biologie sind in der Sprache der Vielfalt geschrieben. Forscher sprechen oftmals halb ironisch über die Regel, die dem dänischen Physiologen August Krogh zugeschrieben wird: Für jedes biologische Problem gibt es einen Organismus, der sich ideal zu dessen Lösung eignet. Die umgekehrte Krogh-Regel gilt freilich gleichermaßen: Für jeden Organismus gibt es ein Problem, für dessen Lösung er sich ideal eignet, und andere Probleme, für deren Lösung er ungeeignet ist. Darmbakterien eignen sich hervorragend zur Genkartierung, aber nicht zur Erforschung der Meiose. Languren und Löwen gaben uns den Schlüssel zum Verständnis der Kindstötung, aber sie wären eine miserable erste Wahl für die Genkartierung gewesen. Jede Organismenart hat einen Platz an der epistemologischen Sonne.

Kurz, die Zukunft der biologischen Grundlagenforschung liegt weitgehend in der Erforschung der Artenvielfalt. Der sicherste Weg zu neuen Entdeckungen wird über eine Systematik neuen Typs führen, in der fundiertes Wissen über bestimmte Gruppen von Organismen durch Forschungen ergänzt wird, die sich auf sämtliche Ebenen der biologischen Organisation erstrecken. Eine weltweite Kapazität für Fadenwürmer oder Kieselalgen oder Palmen zu sein wird einen neuen Stellenwert gewinnen, aber auch neue Kenntnisse erfordern und neue Verpflichtungen einschließen.

Das Beispiel der Neurobiologie

Neurobiologie und Verhaltenslehre verdeutlichen die Richtung, in die sich der größte Teil der biologischen Forschung bewegt. Als fruchtbarste Strategie hat sich die Auswahl und eingehende Analyse mustergültiger Arten erwiesen, um zwei oder mehr benachbarte Ebenen der Organisation auf dem gewundenen Weg von den Genen zum Verhalten aufzuklären. Während der vergangenen dreißig Jahre sind mehrere solche Schlüsselarten hervorgetreten, angefangen von den einfachsten bis hin zu den komplexesten (einschließlich des Menschen); dabei wird jede Art zur Erforschung eines bestimmten Phänomens eingesetzt, zu dem sie einen relativ leichten oder auch einzigartigen Zugang eröffnet. So haben die Neurobiologen die Nützlichkeit der Krogh-Regel und ihrer Umkehrung bewiesen.

Auf der elementarsten Ebene liegt die Demonstration der Bewegungssteuerung beim Bakterium *Escherichia coli.* Das einzelne Bakterium bewegt sich fort, indem es seine Geißel nach Art einer Schiffsschraube rotieren läßt. Es ändert seinen Kurs, indem es die Drehrichtung der Geißel verändert, wobei es sich ruckartig dreht und aufs Geratewohl einen neuen Kurs einschlägt. Durch fortlaufende Neuausrichtungen infolge Ausprobierens bewegt es sich auf Nährstoffe hin und von giftigen Stoffen weg. Zum Teil aufgrund der Einfachheit des Systems haben Biologen bemerkenswerte Fortschritte bei der Bestimmung der Proteine, die chemische Reize erkennen, und der wichtigsten an der Informationsverarbeitung und Verhaltenssteuerung beteiligten Proteine gemacht. Ferner haben sie die Gene, die die Schlüsselproteine codieren, lokalisiert. Dank der hochgradigen Einfachheit des Verhaltenssystems konnten die Biologen so das Verhalten bis auf die Ebene der Gene hinab charakterisieren, allerdings decken sich die Verhaltensmuster nur mit einem sehr kleinen Teil aller Muster bei komplexeren Organismen.

Die Biologen machen auch rasche Fortschritte bei der genetischen Analyse komplexerer Organismen, den Fruchtfliegen, insbesondere *Drosophila melanogaster*, weil sich diese Insekten relativ leicht genetisch manipulieren lassen. Forscher können sogar Individuen erzeugen, die Mosaikbastarde aus männlichen und weiblichen Zellen sind. Diese Gynander werden dazu benutzt, die Sinnes- und Nervengewebe zu lokalisieren, die gewisse Formen des Fortpflanzungsverhaltens vermitteln. Man konnte sogar die geschlechtliche Abstammung der verschiedenen Gewebe mit den Verhaltensweisen der einzelnen Fliege korrelieren und so die Lage der Gene für die Verarbeitung von sensorischer Information und für die efferenten Befehle, die durch das Nervensystem weitergeleitet werden, bestimmen. Im Rahmen anderer Forschungsprojekte wurden zahlreiche die Paarung und Orientierung steuernde Gene und ein Teil der zum phänotypischen Verhalten führenden molekularen Pfade identifiziert.

Ferner konnten mit Hilfe komplizierter neurophysiologischer Ableitungen die Funktionen und Entladungsmuster einzelner Neuronen der Meeresschnecke *Aplysia californica* mit großer Genauigkeit aufgeklärt werden. Die zelluläre Grundlage und in wachsendem Maße auch die molekularen Mechanismen der elementaren Formen des Lernens erschließen sich allmählich dieser Methode, die sich die relativ leichte Zugänglichkeit und anatomische Einfachheit des Nervensystems der Meeresschnecke zunutze macht.

Auf einer noch höheren Ebene der Organisation liefern die sozialen Insekten aufschlußreiche Beispiele. Bei den Ameisen, Bienen, Wespen und Termiten erschließt sich der Sinn der meisten Verhaltensweisen der Individuen erst dann, wenn sie in ein Gesamtmuster vielfältiger Reaktionen seitens anderer Mitglieder

der Kolonie eingefügt werden. Eines der anschaulichsten Beispiele sind die afrikanischen Treiberameisen der Gattung *Dorylus*. Eine Kolonie besteht aus einer einzigen Königin und bis zu zwanzig Millionen Arbeiterinnen. Dieses Insektenreich wird von starken Lockstoffen und von Pheromonen zusammengehalten, die die Königin produziert und die bei den Arbeiterinnen die Ausbildung von Eierstöcken unterdrücken. Die Arbeiterinnen benutzen zahlreiche Verfahren der chemischen Kommunikation, um Nestgenossinnen für unterschiedliche Aufgaben zu rekrutieren. Auch setzen sie verschiedene Kombinationen aus chemischen und taktilen Signalen ein, um Nestgenossinnen zu Nahrungsquellen, in neue Territorien und zu neuen Nestplätzen zu führen. Obgleich das Repertoire der einzelnen Ameise auf weniger als fünfzig Verhaltensakte beschränkt ist, sorgen das Kastensystem und die Arbeitsteilung dafür, daß auf der Ebene der Kolonie ein komplexes und effizientes Repertoire entsteht. Kolonien von Treiberameisen und andere Insektengesellschaften kann man mit vollem Recht als »Superorganismen« betrachten. Sie können auf ganz ähnliche – noch dazu viel leichtere – Weise wie das Bakterium *E. coli* und wie *Drosophila* zerlegt, analysiert und wieder zusammengesetzt werden, um das zu veranschaulichen, was sich möglicherweise eines Tages als einige der allgemeingültigeren Merkmale der biologischen Organisation erweisen wird.

Neurobiologie und Verhaltensbiologie sollten weiterhin durch den geschickten Einsatz der vergleichenden Methode auf sämtlichen Organisationsebenen Erkenntnisfortschritte erzielen. Wieder ist Pluralismus das beherrschende Thema dieses neuen Ansatzes. Man wählt bestimmte Arten für die Organisationsebenen aus, zu denen sie den leichtesten Zugang gewähren. Der gesamte Datenstock aus Labor- und Freilandbeobachtungen läßt sich nur dann zu einem Gesamtbild zusammenfügen, wenn die Eigentümlichkeiten jeder Art evolutionsgeschichtlich interpretiert und im Zusammenhang mit ihrem Ökosystem aufgeklärt sind. Wenn wir genügend Informationen angehäuft haben, werden sich zeitlos gültige biologische Prinzipien herauskristallisieren. Darüber allerdings, wie viele Informationen erforderlich sind, bevor wir von einer vollständigen Theorie der Biologie sprechen können, kann man lediglich Mutmaßungen anstellen.

Die treuhänderische Funktion der Systematik

Der Königsweg künftiger Biologie liegt in der gründlichen Kenntnis bestimmter Gruppen von Organismen, die mit einem ungehemmten Pragmatismus bei der Auswahl von Problemen einhergeht. Die Forscher werden immer leichter zwischen den verschiedenen Organisationsebenen vom Molekül bis zur Population pendeln und dabei die klarsten Bilder, die sie an verschiedenen Arten von Lebewesen gewonnen haben, zusammenstellen, um eine Synthese zu schaffen, die wie ein immer detailgenaueres Mosaik die moderne

Biologie ausmacht. Der wissenschaftliche Fortschritt setzt außerdem voraus, daß sich unser Wissen über immer mehr Arten erstreckt, mit dem Ziel, eine umfassende Bestandsaufnahme der Flora und Fauna der Erde zu erstellen. Um den Pluralismus in diesem Sinne zu stärken, bedarf es der Wiedergeburt der Systematik als dem wichtigsten Ordnungsrahmen der Biologie.

Die Tendenz zum Pluralismus erlegt den Systematikern einschließlich jener wichtigen Gruppe von Forschern, die man Taxonomen nennt, eine besondere Verantwortung auf. Als Experte auf dem Gebiet einer Artengruppe interessiert sich der *Systematiker* hauptsächlich für deren Mannigfaltigkeit, die Klassifikation eingeschlossen, aber er befaßt sich auch nach Belieben mit anderen Aspekten der Biologie dieser Gruppe. Ein *Taxonom* ist ein Systematiker, der für so viele Arten zuständig ist, daß ihm nur Zeit für deren Klassifikation bleibt.

Die Etats von Museen und anderen Institutionen, die große naturkundliche Sammlungen beherbergen, können ihrer Aufgabe schon im Dienste der reinen Taxonomie nicht gerecht werden, ganz zu schweigen von dem weitreichenden Abenteuer der Systematik. Mit Ausnahme von einigen ganz außergewöhnlichen Taxa wie den Säugetieren und Vögeln, zieht sich die Bestimmung neu entdeckter Organismen oft Monate, wenn nicht Jahre hin. Und für viele Gruppen von Organismen gibt es nicht einmal Experten. Die Taxonomen, die das Gros der Systematiker stellen, können die Arbeit, die man von ihnen erwartet, nicht bewältigen. In dem Maße, wie die Erforschung der Biodiversität intensiviert wird und damit auch der Bedarf an Experten, vor allem in den Tropen, stark zunimmt, könnte dieser Mangel binnen weniger Jahre die Lage zuspitzen.

Einige Kritiker monieren, daß sich die Systematiker gegenwärtig in weitgehend fruchtlosen Kontroversen über die beste Methode der phylogenetischen Rekonstruktion verlören. Ich halte diese Phase der methodischen Besinnung für anregend und produktiv, auch wenn sie sich zweifellos sehr in die Länge zieht oder in manchen Fällen sogar durch eine direkte Entzifferung der genetischen Codes ersetzt wird. Diese Debatten haben uns zuverlässige Techniken zur Ermittlung der Ähnlichkeits- und Verzweigungsgrade während der Artbildung beschert. Und was noch wichtiger ist: Sie haben zu einer bemerkenswerten Verbesserung der taxonomischen Verfahren geführt, so daß man von einer Standardisierung der Techniken sprechen kann, mit deren Hilfe sich Ergebnisse reproduzieren und unabhängig überprüfen lassen. Dennoch ist der größte Teil dieser Aktivität letztlich reine Methodik. Es ist an der Zeit, daß sich die Systematik von der Stelle rührt, um ihrem eigentlichen Auftrag gerecht zu werden. Andernfalls stellt sich die Frage, wozu all diese Anstrengungen unternommen wurden.

Warum betreibt ein Biologe denn überhaupt Forschung? Natürlich um Entdeckungen zu machen. Alfred North Whitehead sagte einmal, daß ein Wissenschaftler nicht durch Entdeckungen zu neuen Erkenntnissen gelangen wolle, sondern umgekehrt, daß er seine Erkenntnisse dazu nutze, neue Entdeckungen zu machen. Aber in der Biologie hat dieser Entdeckungsdrang noch einen viel höheren Stellenwert. Die Einzigartigkeit der Abstammungslinien macht die Geschichte zur allentscheidenden Größe, und die Geschichte ihrerseits erzeugt ein Gefühl für die Heiligkeit von Ort und Leben – nicht allgemein und abstrakt, sondern in bezug auf einen einzelnen Organismus in einem bestimmten Lebensraum, der über eine festgesetzte Zeitspanne beobachtet wird. So befriedigt die Biologie die beiden großen expansiven Triebe des menschlichen Geistes: Erkundung und intellektuelle Bereicherung. Die Leitidee des Pluralismus sorgt dafür, daß die Biologie niemals, zumindest nicht auf absehbare Zeit, diese beiden Triebe erschöpfen wird.

Systematiker, die sich auf bestimmte Gruppen von Organismen spezialisiert haben, müssen (im Gegensatz zu denjenigen, die sich allein mit methodischen Fragestellungen befassen) eine gewisse Berührungsangst gegenüber den übrigen biologischen Fachgebieten überwinden. Allzuoft habe ich von anderen Biologen gehört, daß sich ein Systematiker, nachdem er ein Forschungsstipendium erhalten hat, an einen entlegenen Ort begibt, eine Spezialmonographie verfaßt und es dabei bewenden läßt. Ferner habe ich gehört, die Systematiker seien bislang eine Liste von zentralen wissenschaftlichen Fragestellungen, die allein sie aufgrund ihrer besonderen Qualifikation beantworten könnten, schuldig geblieben.

Wenn die Systematik wirklich ein überholtes Relikt aus dem vormolekularen Zeitalter wäre, dann sollten wir nicht versuchen, sie davon abzuhalten, in den langen Schlaf des Alterns einzutreten. Doch das genaue Gegenteil ist der Fall. Wie einst in einer ruhmreichen Vergangenheit, wird die Systematik im allgemeinen Sinne auch in Zukunft wieder der Schlüssel zur Biologie sein.

Der verantwortungsbewußte Experte ist der Treuhänder einer ausgewählten taxonomischen Gruppe im Dienste der Wissenschaft. Er weiß am besten, welche Organismen wo vorkommen, welche am gefährdetsten sind, welche neuartige Probleme aufwerfen und welche der Menschheit am ehesten von Nutzen sein können. Die beste Strategie des Systematikers bestünde darin, diese Themen einem möglichst breiten Publikum zu erklären und gleichzeitig andere Biologen zur Zusammenarbeit aufzufordern. Kein anderer als der Systematiker kann den besonderen, außergewöhnlichen Wert von Lederkorallen, Flagellatenpilzen, Bürstenkäfern, Schwarzmundgewächsen, Wespen der Familie *Sclerogibbidae*, Wunderbäumen, Seekatzen und so weiter eine lange, berückende Liste hinab verständlich machen.

Biophilie und Umweltethik

Die Biophilie – sofern sie existiert, und ich glaube, daß sie existiert –, ist die angeborene emotionale Bindung des Menschen an andere Lebewesen. Nach dem wenigen, was wir über ihre Natur wissen, zu schließen, ist die Biophilie kein einzelner Instinkt, sondern ein Gefüge von Lernregeln, das man aufdröseln und im einzelnen analysieren kann. Die Gefühle, die von den Lernregeln geformt werden, lassen sich auf mehreren emotionalen Skalen einordnen, von Zuneigung bis Abneigung, von Ehrfurcht bis Gleichgültigkeit und von Friedlichkeit bis zu beklemmender Angst. Diese verschiedenen Stränge der emotionalen Reaktion sind mit Symbolen verflochten, aus denen sich ein Großteil der Kultur zusammensetzt. Wenn der Mensch seinen natürlichen Lebensraum verläßt, werden die biophilen Lernregeln nicht durch moderne Versionen ersetzt, die ebensogut an die zeitgenössische technische Lebenswelt angepaßt wären. Vielmehr bleiben sie, wenn auch verkümmert, über die Generationen hinweg erhalten und manifestieren sich sporadisch in den künstlichen neuen Lebensräumen. Es ist kein Zufall, daß die Zahl der Kinder und Erwachsenen, die zoologische Gärten besuchen, größer ist als die der Besucher aller sportlichen Großveranstaltungen zusammengenommen, daß die Begüterten auch heute noch als Wohnort eine Anhöhe in der Nähe eines Gewässers und mit Ausblick auf eine Parklandschaft bevorzugen und daß Großstädter noch immer aus für sie unerfindlichen Gründen von Schlangen träumen.

Auch wenn es keinerlei empirische Indizien für die Biophilie gäbe, würde uns doch die Logik der Evolution allein dazu nötigen, ihre Existenz zu postulieren. Der Grund dafür liegt darin, daß die Geschichte des Menschen nicht erst vor 8000 oder 10000 Jahren mit der Erfindung der Landwirtschaft und der Seßhaftigkeit begann. Vielmehr begann sie vor Hunderttausenden bis Millionen von Jahren mit der Entstehung der Gattung *Homo*. Über 99 Prozent der Humangeschichte haben die Menschen in Horden von Jägern und Sammlern gelebt, deren Schicksal aufs engste mit dem anderer Organismen verknüpft war. In dieser Epoche der Vorgeschichte und sogar noch früher, in der Epoche des Urmenschen, hing ihr Überleben von erworbenen genauen Kenntnissen wesentlicher Aspekte der Naturgeschichte ab. Das gilt sogar noch für die heutigen Schimpansen, die primitive Werkzeuge benutzen und ein durch Erfahrung erworbenes Wissen über Pflanzen und Tiere besitzen. In dem Maße, wie sich Sprache und Kultur ausbreiteten, nutzten die Menschen zudem lebende Organismen unterschiedlichster Arten als eine wichtige Quelle für Metaphern und Mythen. Kurz, die Evolution des Gehirns vollzog sich in einer biozentrischen, nicht in einer maschinell gesteuerten Welt. Es wäre daher sehr ungewöhnlich, wenn sich herausstellen sollte, daß alle Lernregeln, die sich auf diese Welt bezogen, binnen einiger tausend Jahre – selbst bei jener winzigen Minderheit von Menschen, die seit mehr als ein bis zwei Generationen in rein städtischen Umgebungen lebt – ausgelöscht wurden.

Die Biophilie ist möglicherweise für die Humanbiologie von weitreichender Bedeutung, auch wenn sie nur in Gestalt schwacher Lernregeln existiert. Sie beeinflußt unsere Einstellung zur Natur, zur Landschaft, zur Kunst und zu Mythen, und sie regt uns dazu an, die Umweltethik mit neuen Augen zu sehen.

Wie könnte die Biophilie entstanden sein? Die plausibelste Antwort lautet: durch biokulturelle Evolution, in deren Verlauf sich die Kultur unter dem Einfluß erblicher Lerndispositionen herausbildete, während die Gene, die diese Dispositionen determinieren, sich durch natürliche Selektion in einem kulturellen Umfeld ausbreiteten. Die Aktivierung und Feinabstimmung der Lernregeln kann auf vielfältige Weise geschehen: durch Regulierung der sensorischen Reizschwellen, durch Beschleunigung oder Hemmung des Lernens und durch Modifizierung der emotionalen Reaktionen. Charles Lumsden und ich haben die These aufgestellt, daß die biokulturelle Evolution nach einem bestimmten Muster abläuft, nämlich als Gen-Kultur-Evolution, die eine spiralförmige Bahn durch die Zeit beschreibt: Ein bestimmter Genotyp erhöht die Wahrscheinlichkeit einer Verhaltensreaktion, die Reaktion verbessert die Überlebens- und Fortpflanzungschancen, so daß sich der Genotyp in der Population ausbreitet und die Verhaltensreaktion häufiger auftritt. Ergänzen wir dies noch durch die ausgeprägte Neigung der Menschen, Emotionen in zahllose Träume und Erzählungen zu übersetzen, und die notwendigen Voraussetzungen sind gegeben, um die historischen Kanäle von Kunst und Religion zu bahnen.

Die Gen-Kultur-Koevolution ist eine plausible Erklärung für die Entstehung der Biophilie. Diese Hypothese läßt sich am Verhältnis des Menschen zu Schlangen verdeutlichen. Meines Erachtens lief die Koevolution in diesem Fall folgendermaßen ab (ich stütze mich dabei weitgehend auf Befunde, die der Kunsthistoriker und Biologe Balaji Mundkur zusammengetragen hat):

– Giftschlangen verursachen bei Primaten und anderen Säugetieren überall auf der Erde Krankheit und Tod.

– Altweltaffen und Menschenaffen verbinden im allgemeinen eine starke angeborene Furcht vor Schlangen mit einer starken Faszination von diesen Tieren. Mit Lauten, bei einigen Arten auch mit speziellen Rufen, machen Individuen ihre Artgenossen auf die Anwesenheit einer Schlange in unmittelbarer Nähe aufmerksam. Die auf diese Weise alarmierten Artgenossen folgen den Eindringlingen, bis sie ihr Revier verlassen.

– Auch der Mensch besitzt eine genetisch verankerte Abneigung gegen Schlangen. Er entwickelt schon bei geringfügiger negativer Verstärkung eine Schlangenfurcht, die sich rasch zu einer regelrechten Phobie steigern kann. (Andere Elemente in der natürlichen Umwelt, die eine Phobie auslösen können, sind Hunde, Spinnen, geschlossene Räume, fließende Gewässer und Höhen. Moderne Erfindungen, die viel gefährlicher sind, wie Gewehre, Messer, Autos und Stromkabel, lösen dagegen nur sehr selten Phobien aus.)

– In Einklang mit ihrem Status als Altweltprimaten sind auch die Menschen von Schlangen fasziniert. Sie bezahlen Eintritt, um gefangene Exemplare in Zoos zu sehen. Sie benutzen Schlangen vielfach als Metaphern und flechten sie in Geschichten, Mythen und religiöse Symbole ein. Die Schlangengötter, die Kulturen überall auf der Erde ersonnen haben, sind meist doppelgesichtige Wesen. Diese Götter, die oftmals von halbmenschlicher Gestalt sind, treten einerseits als rachsüchtige Todesgeister auf, andererseits auch als Spender von Wissen und Macht.

– Menschen aus unterschiedlichen Kulturen träumen häufiger von Schlangen als von jeder anderen Tierart, wobei sie ein vielgestaltiges Gemisch aus Furcht und magischer Macht beschwören. Wenn Schamanen und religiöse Propheten von solchen Bildern berichten, legen sie ihnen geheimnisvolle Bedeutungen und symbolische Tiefe bei. In scheinbar logischer Konsequenz sind Schlangen auch herausragende Gestalten in der Mythologie und Religion der meisten Kulturen.

Die Schlangen-Version der Biophilie-Hypothese lautet demnach in knappster Form: Eine durch die gesamte Evolutionsgeschichte hindurch andauernde Erfahrung mit gefährlichen Schlangen; die wiederholte Erfahrung durch natürliche Selektion als erbliche Abneigung und Faszination codiert, die ihrerseits in den Träumen und Erzählungen evolvierender Kulturen zum Ausdruck kommen. Ich würde erwarten, daß andere biophile Reaktionen mehr oder minder unabhängig davon entstanden sind, nach demselben Muster zwar, aber unter anderen Selektionsdrücken und unter Beteiligung anderer Genensembles und anderer neuronaler Verschaltungen im Gehirn.

Diese Formulierung taugt zwar als Arbeitshypothese, aber wir müssen uns auch fragen, wie die einzelnen Elemente auseinandergehalten werden können und wie die allgemeine Biophilie-Hypothese überprüft werden kann. Eine Art der Analyse, über die Jared Diamond berichtet, ist die korrelative Analyse des Wissens und der Einstellungen von Menschen in unterschiedlichen Kulturen, die darauf abzielt, gemeinsame Nenner im Gesamtmuster menschlicher Reaktionen ausfindig zu machen. Eine weitere Methode, die von Robert Ulrich und anderen Psychologen vorgeschlagen wurde, ist die exakt reproduzierte Messung der physiologischen Reaktionen menschlicher Versuchspersonen auf anziehende und abstoßende natürliche Phänomene. Die Aussagekraft dieses direkten psychologischen Ansatzes – gleich, ob für oder gegen eine biologische Prädisposition – läßt sich durch Beifügung zweier Elemente verbessern. Erstens dadurch, daß man die Erblichkeit der Intensität der Reaktionen auf die verwendeten psychologischen Tests bestimmt. Zweitens durch Erforschung der kognitiven Entwicklung von Kindern, um so die Reaktionen auslösenden Schlüsselreize zu identifizieren und um das Alter der maximalen Empfindlichkeit und Lernbereitschaft zu ermitteln. So scheint beispielsweise die schlängelnde Bewegung einer langen, dünnen Form der Schlüsselreiz bei der Entstehung einer Schlangenaversion zu sein, und möglicherweise ist die Präadoleszenz die Phase mit der höchsten Empfindlichkeit für den Erwerb der Abneigung.

Wenn man bedenkt, daß die Beziehung des Menschen zu seiner natürlichen Umwelt genauso wie das Sozialverhalten selbst Teil einer weit in die Vergangenheit zurückreichenden Geschichte ist, hat es erstaunlich lange gedauert, bis sich die kognitiven Psychologen den sich daraus ergebenden geistig-seelischen Folgen zuwandten. Unsere Unwissenheit könnte als eine von vielen Lücken auf der Karte der akademischen Wissenschaft betrachtet werden, die auf Genialität und Entschlußkraft warten, wäre da nicht ein bedeutsamer Umstand: die natürliche Umwelt steht im Begriff zu verschwinden. Aus diesem Grund müssen sich Psychologen und andere Wissenschaftler mit der Erforschung der Biophilie beeilen. Was, so sollten sie fragen, wird mit der menschlichen Psyche geschehen, wenn ein so wesentlicher Teil der evolutionsgeschichtlichen Erfahrung des Menschen verringert oder gar ausgelöscht wird?

Meines Erachtens steht außer Frage, daß der Verlust an Biodiversität die schädlichste Folge des fortgesetzten Raubbaus an der Natur ist. Das liegt daran, daß die Vielfalt der Organismen, angefangen von Allelen (unterschiedliche Ausprägungsformen von Genen) bis hin zu Arten, einmal verloren, nicht zurückerlangt werden kann. Wird die Artenvielfalt dagegen in naturbelassenen Ökosystemen bewahrt, dann kann sich die Biosphäre regenerieren, so daß sie von künftigen Generationen in beliebigem Umfang und mit buchstäblich grenzenlosen Vorteilen genutzt werden kann. Das Leben aller künftigen Generationen wird unwiderruflich in dem Maße verarmen, wie sich die Vielfalt vermindert. In welchem Ausmaß wird es verarmen? Die folgenden Schätzungen vermitteln uns eine grobe Vorstellung:

– Betrachten wir zunächst die Frage nach dem Bestand an Biodiversität. Wir wissen nicht einmal annähernd, wie viele Arten von Organismen auf der Erde leben. Etwa 1,5 Millionen Arten sind bislang wissenschaftlich benannt worden, doch die tatsächliche Zahl dürfte irgendwo zwischen zehn und hundert Millionen Arten liegen. Zu den am schlechtesten erforschten Gruppen gehören die Pilze mit 69 000 bekannten Arten, aber geschätzten 1,6 Millionen Arten. Ebenfalls weitgehend unerforscht sind mindestens mehrere Millionen, vermutlich aber mehrere Dutzend Millionen Arten von Gliederfüßern in den tropischen Regenwäldern; und Millionen Arten von Wirbellosen auf dem unermeßlich weiten Boden der Tiefsee. Die eigentlichen Schwarzen Löcher der Systematik sind jedoch möglicherweise die Bakterien. Obgleich bislang etwa 4000 Arten wissenschaftlich beschrieben worden sind, kamen neuere norwegische Studien zu dem Ergebnis, daß unter den durchschnittlich zehn Milliarden Organismen, die in einem Gramm Waldboden gefunden werden, 4000 bis 5000 (überwiegend bislang nicht beschriebene) Bakterienarten vertreten sind, und weitere 4000 bis 5000 Arten, ebenfalls größtenteils unbekannt, in jedem Gramm unweit davon entnommener mariner Sedimente.

– Fossilfunde von meeresbewohnenden Wirbellosen, afrikanischen Huftieren und Blütenpflanzen deuten darauf hin, daß ein Klade – also eine Art samt ihren Nachfahren – unter natürlichen Bedingungen im Schnitt 500 000 bis zehn Millionen Jahre überdauert. Die Lebensdauer erstreckt sich von dem Zeitpunkt, an dem sich die Ahnform von ihrer Schwesterart abspaltet, bis zum Zeitpunkt des Aussterbens des letzten Deszendenten. Sie schwankt je nach Gruppe von Organismen. So sind beispielsweise Kladen von Säugetieren kurzlebiger als Kladen von Wirbellosen.

– Der genetische Code von Bakterien setzt sich aus etwa einer Million Nucleotidpaaren zusammen, der von komplexeren (eukaryotischen) Organismen – von Algen bis zu Blütenpflanzen und Säugetieren – besteht aus einer bis zehn Milliarden Nucleotidpaaren.

– Aufgrund ihres hohen Alters und ihrer genetischen Komplexität sind die Arten hervorragend an die Ökosysteme angepaßt, in denen sie leben.

– Die Zahl der Arten auf der Erde schwindet mit einer hundert- bis tausendmal höheren Rate als in vormenschlicher Zeit. Die gegenwärtige Entwaldungsrate beträgt bei tropischen Regenwäldern über ein Prozent des Bestandes pro Jahr; dies bedeutet, daß etwa 0,3 Prozent (wenn wir dem vorsichtigsten Schätzwert folgen) der darin heimischen Arten entweder sofort ausgerottet werden oder sehr viel schneller aussterben werden, als es ansonsten der Fall wäre. Die meisten Systematiker mit globalen Erfahrungen sind überzeugt, daß über die Hälfte sämtlicher Arten von Organismen in den tropischen Regenwäldern leben. Angenommen, in diesen Habitaten wären zehn Millionen Arten heimisch – eine vorsichtige Schätzung –, dann beliefe sich die Verlustrate auf etwa 30 000 Arten pro Jahr oder 74 pro Tag oder drei pro Stunde. Dabei ist diese horrende Rate noch ein Mindestwert, insofern sie sich allein auf die Arten-Areal-Kurve stützt. Sie berücksichtigt nicht die Ausrottung infolge von Umweltverschmutzung, andere Umweltstörungen außer Kahlschlag und auch nicht die Einführung fremder Arten.

Andere artenreiche Habitate wie Korallenriffe, Flußsysteme, Seen und Heideländer mediterranen Typs stehen unter ähnlichem Druck. Wenn die Restbestände solcher Habitate in einer Region zerstört werden – der letzte Hang eines Berges abgeholzt oder die letzten Stromschnellen infolge eines stromabwärts errichteten Damms überflutet werden –, kommt es zu einem massiven Artenverlust. Die ersten neunzig Prozent an Habitatfläche, die verlorengehen, vermindern die Artenzahl um die Hälfte. Die letzten zehn Prozent löschen die zweite Hälfte aus.

Nach meiner persönlichen, aber durchaus vertretbaren Einschätzung werden, wenn die gegenwärtige Rate der Umwandlung natürlicher Lebensräume unverändert beibehalten wird, im Verlauf der kommenden dreißig Jahre mindestens zwanzig Prozent aller Arten der Erde infolge menschlicher Eingriffe verschwinden oder zum vorzeitigen Aussterben verurteilt sein. Von der Vorgeschichte bis zur Jetztzeit hat die Menschheit vermutlich bereits zehn bis zwanzig Prozent der Arten ausgelöscht. So ist beispielsweise die Anzahl der Vogelarten um schätzungsweise 25 Prozent, von 12000 auf 9000, zurückgegangen, wobei Inseln von diesem Aderlaß überproportional betroffen sind. Der größte Teil der Megafaunen – die Gesamtheit der größten Säugetiere und Vögel – scheint in entlegenen Regionen der Erde bereits von der ersten Siedlungswelle der Jäger, Sammler und Landbauern vernichtet worden zu sein. Der Verlust an Pflanzen und Wirbellosen war vermutlich sehr viel geringer, aber die Zahl der Studien über archäologische und andere subfossile Fundstätten ist zu gering, als daß sie auch nur eine überschlägige Schätzung erlauben würden. Der Einfluß des Menschen, von der Vorgeschichte bis zur Jetztzeit und hochgerechnet auf die kommenden Jahrzehnte, droht eines der größten Massenaussterben seit dem Ende des Mesozoikums, vor 65 Millionen Jahren, heraufzubeschwören.

Nehmen wir einmal rein hypothetisch an, zehn Prozent aller Arten der Erde, die unmittelbar vor dem Erscheinen des Menschen existierten, seien bereits ausgestorben und weitere zwanzig Prozent dem Untergang geweiht, sofern keine drastischen Rettungsmaßnahmen ergriffen werden. Die Evolution kann den verlorengegangenen Prozentsatz – der unabhängig von den Abhilfemaßnahmen sehr hoch sein wird – nicht in einem Zeitraum ersetzen, der für die Menschheit von Belang wäre. Im Anschluß an jedes der fünf früheren Massenaussterben in den letzten 550 Millionen Jahren benötigte die natürliche Evolution etwa zehn Millionen Jahre, um den Aderlaß wettzumachen. Was die Menschheit heute in einer einzigen Generation anrichtet, wird somit zu einer dauerhaften Verarmung des Lebens unserer Nachfahren führen. Kritiker entgegnen darauf häufig: »Und wenn schon? Wenn nur die Hälfte der Arten überlebt, dann ist das doch eine ganze Menge an biologischer Mannigfaltigkeit – oder etwa nicht?«

Naturschützer, mich selbst eingeschlossen, verweisen in ihrer Antwort meist darauf, daß die unermeßlichen materiellen Schätze, die die Artenvielfalt für uns bereithält, in Gefahr sind. Wildarten sind eine bislang ungenutzte Quelle für neue Arzneimittel, Kulturpflanzen, Fasern, Fruchtmark, Erdölersatzstoffe und Wirkstoffe zur Sanierung von Böden und Wasser. Dieses Argument ist zwar nachweislich wahr – und es ist gewiß dazu angetan, Ultraliberale, die gegen jeglichen Naturschutz sind, in die Schranken zu weisen –, aber es birgt eine gefährliche praktische Schwachstelle, wenn man sich ausschließlich darauf stützt. Wenn Arten nach ihrem potentiellen Nutzen beurteilt werden sollen, dann kann man einen Preis für sie festsetzen, sie gegen andere Vermögenswerte eintauschen und sie – wenn der Preis stimmt – veräußern. Wer aber könnte schon den endgültigen Wert einer bestimmten Art für die Menschheit beurteilen? Unabhängig davon, ob die Art einen unmittelbaren Nutzen abwirft oder nicht, gibt es keine Möglichkeit abzusehen, welches Nutzenpotential ihre Erforschung in den kommenden Jahrhunderten zum Vorschein bringen mag, welche wissenschaftlichen Erkenntnisse sie bereithält oder welche Dienste sie dem menschlichen Geist leisten mag.

Endlich bin ich zu dem Wort gekommen, das einem so schwer über die Lippen kommt: Geist. Der Geist weist uns die Brücke zwischen Biophilie und Umweltethik. Die große Kontroverse bei der moralphilosophischen Reflexion über nichtmenschliche Lebensformen entzündet sich an der Frage, ob andere Arten ein »natürliches« Recht auf Leben haben oder nicht. Die Beantwortung dieser Frage beruht ihrerseits auf der Beantwortung der fundamentalsten Frage überhaupt, nämlich, ob moralische Werte, so wie mathematische Gesetze, unabhängig vom Menschen existieren, oder ob sie dem Menschen eigentümliche Konstrukte sind, die unter dem Einfluß der natürlichen Selektion entstanden sind und somit der Sphäre des Geistes angehören. Wenn eine nichtmenschliche Art hohe Intelligenz entwickelt und die Stufe der Kultur erreicht hätte, dann hätte sie vermutlich andere moralische Werte hervorgebracht. Eine Termiten-Zivilisation beispielsweise würde das Fressen kranker und verletzter Artgenossen gutheißen, die individuelle Fortpflanzung verdammen und den Austausch und Verzehr von Exkrementen in den Rang eines Sakraments erheben. Kurz, der »Geist« der Termite würden sich grundlegend vom Geist des Menschen unterscheiden, ja er würde uns mit Schrecken erfüllen. Nach dieser evolutionsbiologischen Betrachtungsweise sind die moralischen Konstrukte nichts anderes als Lernregeln, Dispositionen, um bestimmte Emotionen und Arten des Wissens zu erwerben. Sie sind durch genetische Evolution entstanden, weil sie die Überlebens- und Fortpflanzungschancen des Menschen verbessern.

Ich halte das erste der beiden alternativen Postulate – daß Arten universelle, eigenständige Rechte besitzen, ganz gleich, wie die Menschen darüber denken – für richtig. In dem Maße, wie dieses Postulat allgemein anerkannt wird, werden die Umweltschützer gewiß noch entschlossener für die Erhaltung der nichtmenschlichen Lebensformen eintreten. Aber das Argument von den natürlichen Rechten der Arten allein ist, wie das Nutzenargument allein, ein gefährlicher Schachzug, der die Biodiversität aufs Spiel setzt. Der dem Argument zugrundeliegende Gedankengang ist bei aller Klarheit und Überzeugungskraft doch intuitiv, apriorisch und objektiv nicht belegt. Wer anders als die Menschheit, so könnte man unverzüglich dagegen einwenden, soll derartige Rechte verleihen? Wo steht das Gesetz, das den Arten diese Rechte zuerkennt, geschrieben? Und selbst wenn man diese Rechte als gegeben ansieht, unterliegen sie doch immer einer Rangordnung, und ihre Geltungskraft lockert sich mit der Zeit. Eine simple Beschwörung des Rechts einer Art auf Leben kann mit dem simplen Hinweis auf das Lebensrecht des Menschen konterkariert werden. Wenn der letzte Rest eines Waldes abgeholzt werden muß, um das Überleben der örtlichen Wirtschaft zu sichern, dann werden die Rechte der zahllosen Arten des Waldes vielleicht bereitwillig anerkannt, aber ihnen wird ein niedrigerer Rang eingeräumt, was tödliche Folgen für sie hat.

Ich möchte hier nicht den Versuch machen, das Problem der unveräußerlichen Rechte der Arten zu lösen, sondern auf die Notwendigkeit hinweisen, eine robuste und nuancierte anthropozentrische Ethik zu entwickeln, die auf den Existenzbedürfnissen unserer eigenen Art fußt. Neben dem hinreichend erwiesenen Nutzenpotential von Wildarten hat die Vielfalt der Lebensformen auch einen unerhörten ästhetischen und spirituellen Wert. Die nachfolgend skizzierten Gedanken sind vielen Naturschützern und Ethikern bereits vertraut, aber die evolutionsgeschichtliche Logik ist noch immer relativ unbekannt und weitgehend unerforscht; darin liegt die Herausforderung für Natur- und andere Wissenschaftler.

Die Biodiversität ist der Schmelztiegel der Schöpfung. Mindestens zehn Millionen Arten besiedeln gegenwärtig die Erde; jede wird durch bis zu mehrere Milliarden Nucleotidpaare und eine sehr viel größere, ja astronomisch große Zahl möglicher genetischer Rekombinanten definiert. Diese bilden die Arena, in der die Evolution weiterhin abläuft. Trotz der Tatsache, daß die lebenden Organismen nur einen zehnmilliardstel Teil der Erdmasse ausmachen, ist die Biodiversität der informationsreichste Teil des bekannten Universums. In einer Handvoll Erdreich existiert mehr Ordnung und Komplexität als auf der Oberfläche aller anderen Planeten zusammengenommen. Wenn die Menschheit einen plausiblen Schöpfungsmythos braucht, der in Einklang mit den naturwissenschaftlichen Erkenntnissen steht – einen Mythos, der selbst ein wesentlicher Bestandteil des menschlichen Geistes zu sein scheint –, dann wird der Ursprung der Vielfalt des Lebens den Ausgangspunkt der Erzählung bilden.

Die anderen Arten sind mit uns verwandt. Evolutionsgeschichtlich betrachtet ist diese Aussage ganz wörtlich zu verstehen. Alle höheren, eukaryotischen Organismen, von Blütenpflanzen über Insekten bis zum Menschen selbst, stammen vermutlich von einer gemeinsamen Ahnform ab, die vor 1,8 Milliarden Jahren lebte. Einzellige Eukaryoten und Bakterien sind über noch ältere Vorfahren miteinander verwandt. Diese entfernte Verwandtschaft ist durch einen gemeinsamen genetischen Code und grundlegende Merkmale der Zellstruktur gekennzeichnet. Der Mensch ist nicht wie ein Außerirdischer vom Himmel gefallen, als die Erde bereits von einer vielgestaltigen Biosphäre bedeckt war. Wir sind aus anderen Organismen entstanden, deren große unentwegt mit neuen Lebensformen experimentierende Vielfalt schließlich per Zufall auf die menschliche Art stieß.

Die biologische Vielfalt eines Landes ist Teil seines nationalen Erbes. Jedes Land besitzt eine einzigartige Sammlung von Pflanzen und Tieren einschließlich Arten und geographischen Rassen, die in vielen Fällen nirgendwo sonst vorkommen. Dieses Inventar ist das Produkt der weit in die Vergangenheit und sogar weit über das Auftreten des Menschen hinaus zurückreichenden Geschichte des nationalen Staatsgebiets.

Die biologische Vielfalt ist die wissenschaftliche Herausforderung der Zukunft. Die Menschheit braucht die Vision einer expandierenden, endlosen Zukunft. Diese spirituelle Sehnsucht kann keine Befriedigung in der Besiedlung des Weltalls finden. Die anderen Planeten sind unwirtlich, und die Reise dorthin verschlänge Unsummen. Die nächsten Sterne sind so weit entfernt, daß Reisende Tausende von Jahren brauchten, nur um von dort zu berichten. Das eigentliche Neuland für die Menschheit ist das Leben auf der Erde – seine Erforschung und die Umsetzung der dabei gewonnenen Erkenntnisse in Wissenschaft, Kunst und praktische Angelegenheiten. Diese These wird, um es kurz zu wiederholen, durch folgende Fakten untermauert: mindestens neunzig Prozent aller Arten von Pflanzen, Tieren und Mikroorganismen sind nicht einmal wissenschaftlich benannt; alle Arten sind, gemessen an menschlichen Maßstäben, immens alt und hervorragend an ihren Lebensraum angepaßt; das Leben um uns herum dürfte an Komplexität und Schönheit alles übertreffen, was der Menschheit jemals begegnen wird.

Die mannigfachen Weisen, auf die der Mensch mit den übrigen Lebewesen verbunden ist, sind noch weitgehend unbekannt; hier bedarf es dringend weiterer wissenschaftlicher Forschung und kühner ästhetischer Interpretationen. Die neu gebildeten Begriffe »Biophilie« und »Biophilie-Hypothese« erfüllen ihren Zweck bereits, wenn sie die Aufmerksamkeit auf psychologische, tief in der Menschheitsgeschichte verwurzelte Phänomene lenken, die aus der Wechselwirkung mit der natürlichen Umwelt hervorgingen und heutzutage vermutlich in den Genen selbst verankert sind. Die Forschung ist um so dringlicher, als immer mehr Arten endgültig aus unserer Umwelt verschwinden; daher benötigen wir ein besseres Verständnis der menschlichen Natur, aber auch eine verbindliche und intellektuell überzeugende Umweltethik, auf die sich diese Forschung stützen kann.

Begeht die Menschheit Selbstmord?

Stellen Sie sich vor, eine außerirdische Zivilisation unterhalte auf einem eisigen Jupiter-Mond – sagen wir Ganymed – eine gut getarnte Raumstation. Seit Jahrmillionen beobachten die dort stationierten Wissenschaftler mit scharfem Auge die Vorgänge auf der Erde. Weil ihre Gesetze die Besiedlung eines Planeten, auf dem Leben existiert, verbieten, haben sie die Oberfläche der Erde mit Hilfe von Satelliten, die mit hochempfindlichen Sensoren ausgerüstet sind, abgetastet und so die Verteilung großer Lebensräume, von Wäldern, Grasland und Tundren bis hin zu Korallenriffen und den riesigen Planktonwiesen der Meere, systematisch erfaßt. Sie haben tausendjährige Klimazyklen registriert, die durch das Anwachsen und Abtauen von Gletschern und durch breit gestreute Vulkanausbrüche unterbrochen wurden.

Die Beobachter warten auf das, was man den AUGENBLICK nennen könnte. Wenn dieser AUGENBLICK kommt, der nur wenige Jahrhunderte dauert und daher, gemessen an geologischen Zeiträumen, tatsächlich nur ein Moment ist, schrumpfen die Wälder auf weniger als die Hälfte ihres ursprünglichen

Verbreitungsgebiets zusammen. Der Kohlendioxidgehalt der Atmosphäre erreicht das höchste Niveau seit 100000 Jahren. Die Ozonschicht in der Stratosphäre nimmt ab und weist über den Polen sogar regelrechte Löcher auf. Rauchfahnen, die Stickstoffoxid und andere Gifte enthalten, steigen von brennenden Wäldern in Südamerika und Afrika auf, sammeln sich in der oberen Troposphäre und driften Richtung Osten über die Ozeane. Bei Nacht wird die Oberfläche der Kontinente von Millionen winziger Lichtpunkte erhellt, die in Europa, Japan und dem östlichen Nordamerika zu hell glühenden Schwaden verschmelzen. Eine von Gasfackeln gespeiste Feuersglut erstreckt sich halbkreisförmig um den Persischen Golf.

Es war fast unvermeidlich, so würden uns die Beobachter, wenn wir ihnen begegneten, mitteilen, daß sich eine Art aus der mannigfaltigen Gruppe der Großtiere früher oder später kraft ihrer Intelligenz die Erde untertan machen würde. Diese Rolle ist dem *Homo sapiens* zugefallen, einem Primaten, der in Afrika aus einer Linie entstanden ist, die sich vor fünf bis acht Millionen Jahren von der Linie der Schimpansen abgespalten hat. Anders als alle anderen Geschöpfe, die vor uns lebten, sind wir zu einer geophysikalischen Kraft geworden, die die Atmosphäre und das Klima sowie die Zusammensetzung der Fauna und Flora der Erde rasch verändert. Angetrieben von einer regelrechten Bevölkerungsexplosion, hat sich die Zahl der Menschen innerhalb der letzten fünfzig Jahre auf 5,5 Milliarden verdoppelt. Und vermutlich wird sie sich in den nächsten fünfzig Jahren erneut verdoppeln. Keine andere Art hat in der Evolutionsgeschichte auch nur annähernd die schiere Masse an Protoplasma erreicht, die die Menschheit erzeugt hat.

Darwins Würfel sind gefallen, und sie verheißen der Erde nichts Gutes. Nach Überzeugung vieler Wissenschaftler war es insbesondere für die Fauna und Flora ein Unglück, daß ein fleischfressender Primate und nicht ein gutmütigeres Tier zur Herrschaft gelangte. Unsere Art bewahrt erbliche Merkmale, die unseren zerstörerischen Einfluß erheblich verstärken. Wir besitzen ein ausgeprägtes Stammesgefühl und ein aggressives Territorialverhalten, wir streben nach einem persönlichen Entfaltungsraum, der weit über unsere Mindestbedürfnisse hinausgeht, und wir sind egoistischen Sexual- und Fortpflanzungstrieben ausgeliefert. Jenseits von Familie und Stammesverband geht die Bereitschaft zu kooperativem Verhalten drastisch zurück.

Schlimmer noch: Unsere Vorliebe für Fleisch führt dazu, daß wir die Sonnenenergie mit einem sehr niedrigen Wirkungsgrad verwerten. Nach einer allgemeinen ökologischen Regel werden nur etwa zehn Prozent der Sonnenenergie, die grüne Pflanzen photosynthetisch für die Erzeugung von Gewebe ausnutzen, von Pflanzenfressern verwertet. Von diesem Betrag wiederum erreichen zehn Prozent die Fleischfresser, die sich von den Pflanzenfressern ernähren. Und so weiter durch sämtliche Stufen der Nahrungskette hindurch. In einer Nahrungskette in einem

Feuchtgebiet beispielsweise, die sich von Besengras über Heuschrecke zu Grasmücke zu Falke erstreckt, nimmt die von den grünen Pflanzen eingebaute Energiemenge bis zum Ende der Nahrungskette um den Faktor 1000 ab.

Anders gesagt: Es bedarf einer großen Menge Gras, um einen Falken zu ernähren. Menschen sind, wie Falken, »Gipfelräuber«, die immer dann am Ende der Nahrungskette stehen, wenn sie Fleisch verzehren, wobei sie mindestens zwei Stufen von den Pflanzen entfernt sind; wenn sie Hühner essen, sind es zwei Stufen, bei Thunfisch hingegen vier Stufen. Obgleich die Menschen in vielen Ländern heutzutage auf eine weitgehend pflanzliche Kost beschränkt sind, verschlingt die Menschheit einen großen Teil der übrigen Lebewesen. Wir eignen uns zwischen zwanzig und vierzig Prozent der Sonnenenergie an, die andernfalls im Gewebe der natürlichen Vegetation gespeichert bliebe, vor allem durch unseren Verbrauch von Kulturpflanzen und Holz, den Bau von Häusern und Straßen und die Erzeugung von Ödland. Unsere unentwegte Suche nach neuen Nahrungsmitteln hat zu einem Rückgang der Tierpopulationen in Seen, Flüssen und heute in wachsendem Maße auch im Meer geführt. Und überall auf der Erde verschmutzen wir Luft und Wasser, senken wir die Grundwasserspiegel ab und rotten wir Arten aus.

Kurz, die menschliche Art stellt eine Gefahr für die Umwelt dar. Es ist möglich, daß Intelligenz bei der falschen Spezies geradezu zwangsläufig zu einer tödlichen Bedrohung für die Biosphäre werden mußte. Vielleicht besagt ein Gesetz der Evolution, daß Intelligenz sich für gewöhnlich selbst auslöscht.

Dieses zugegebenermaßen düstere Szenario basiert auf dem, was man die »Moloch«-Theorie der menschlichen Natur nennen könnte; diese besagt, daß der Egoismus des Menschen genetisch programmiert ist, so daß das Bewußtsein der globalen Verantwortung zu spät kommt. Die Menschen setzen sich selbst an erste Stelle, ihre Familie an zweite, ihren Stammesverband an dritte und den Rest der Welt mit großem Abstand an vierte. Auch ihre Neigung, ein oder zwei Generationen vorauszuplanen, ist genetisch verankert. Die Menschen reiben sich auf an den kleinen Problemen und Konflikten ihres Alltagslebens, und sie reagieren rasch und oftmals heftig auf harmlose Angriffe auf ihren Status und die Sicherheit ihres Stammesverbandes. Doch wie Psychologen festgestellt haben, neigen die Menschen seltsamerweise auch dazu, sowohl die Wahrscheinlichkeit als auch die Folgen solcher Naturkatastrophen wie schwere Erdbeben und Stürme zu unterschätzen.

Nach Ansicht von Evolutionsbiologen war diese »Kurzsichtigkeit« während der zwei Millionen Jahre, seit denen die Gattung *Homo* existiert – mit Ausnahme der letzten Jahrtausende – im Grunde genommen ein Vorteil. Das Gehirn nahm während dieser langen evolutionsgeschichtlichen Zeitspanne, in der die Menschen in kleinen Horden von Sammlern und Jägern lebten, seine heutige Form an. Das Leben war riskant und kurz. Die Konzentration auf die nahe Zukunft und eine frühzeitige Fortpflanzung wurde belohnt. Schwere Katastrophen, wie sie nur alle paar Jahrhunderte auftraten, wurden vergessen oder in Mythen verwandelt. Daher überschaut der menschliche Geist auch heute noch einen Zeithorizont, der nur ein paar Jahre in die Vergangenheit und in die Zukunft reicht und jedenfalls den Zeitraum von einer bis zwei Generationen nicht übersteigt. Die Menschen, die in früheren Zeitaltern aufgrund ihrer genetischen Ausstattung zu kurzfristigem Denken neigten, lebten länger und hatten mehr Kinder als die anderen. Propheten haben noch nie einen darwinistischen Selektionsvorteil genossen.

Nun haben sich jedoch die Rahmenbedingungen in jüngster Zeit gewandelt. Weltweite Krisen werden sich in der Lebensspanne der Generation, die jetzt volljährig wird, immer mehr zuspitzen; diese Beschleunigung mag erklären, weshalb sich junge Menschen mehr Sorgen um den Zustand der Umwelt machen als ihre Eltern. Die Zeitskala ist wegen der exponentiellen Zunahme der menschlichen Bevölkerung und umweltbelastender Technologien kleiner geworden. Ein ähnliches Beispiel für exponentielles Wachstum ist die Vermehrung eines Sparguthabens durch Zinseszins. Je größer die Population, um so schneller das Wachstum; je schneller das Wachstum, um so eher wird die Population noch größer. So erwartet man beispielsweise, daß sich die Bevölkerung Nigerias, um eine der fruchtbarsten Nationen der Erde zu nennen, bis zum Jahr 2010 gegenüber ihrem Niveau von 1988 verdoppeln wird. Würde sich dieselbe Wachstumsrate bis 2110 fortsetzen, dann würde die Bevölkerung Nigerias zu diesem Zeitpunkt die gesamte gegenwärtige Weltbevölkerung übertreffen.

Da die Menschen in allen Ländern nach einer Verbesserung der Lebensqualität streben, nimmt der Bedarf an Ressourcen sogar noch schneller zu als die Bevölkerung. Dieser Bedarfszuwachs wird von einer Vermehrung der wissenschaftlichen Erkenntnisse begleitet, die sich alle zehn bis fünfzehn Jahre verdoppeln. Er wird zusätzlich beschleunigt durch eine parallele Zunahme umweltvernichtender Technologien. Da der Vorrat vieler die Lebensqualität beeinflussenden Ressourcen, über den die Erde verfügt – wie etwa Ackerland, Nährstoffe, Süßwasser und Raum für natürliche Ökosysteme –, begrenzt ist, kann eine Verdopplung des Verbrauchs in gleichmäßigen Intervallen zu plötzlichen Katastrophen führen, die die Menschheit völlig unvorbereitet treffen. Auch wenn eine nicht erneuerbare Ressource erst zur Hälfte aufgebraucht wurde, ist sie nur noch ein Intervall von ihrer restlosen Aufzehrung entfernt. Die Ökologen veranschaulichen diesen Sachverhalt gern mit einer Denksportaufgabe, dem sogenannten »Seerosenteich«. Zunächst befindet sich nur eine Seerose im Teich, die sich jedoch am nächsten Tag verdoppelt, und danach verdoppeln sich all ihre Nachkommen. Der Teich wuchert binnen dreißig Tagen völlig mit Seerosen zu. Wann ist der Teich genau zur Hälfte mit Seerosen überzogen? Antwort: am neunundzwanzigsten Tag.

Doch einmal abgesehen von solchen Rechenaufgaben: Wer vermag schon die menschliche Fähigkeit, die erkannten Grenzen der Erde zu überwinden, sicher zu beurteilen? Die alles entscheidende Frage lautet: Rasen wir auf den Rand eines Abgrunds zu, oder nehmen wir nur Geschwindigkeit auf für einen Start in eine wunderbare Zukunft? Die Kristallkugel ist trübe; die conditio humana erscheint uns um so rätselhafter, als sie beispiellos und bizarr ist, nahezu unsere Erkenntniskraft übersteigt.

Inmitten dieser Ungewißheiten lassen sich die Ansichten über die Zukunft der Menschheit grob gesehen zwei Richtungen zuordnen. Die erste Richtung, die »Exemtionslehre«, besagt, daß unsere Art aufgrund ihrer herausragenden Intelligenz von den eisernen Gesetzen der Ökologie, die alle anderen Arten binden, befreit ist. Mag das Problem auch noch so schwerwiegend sein, so wird der zivilisierte Mensch doch dank seiner Erfindungsgabe, seiner Willensstärke und – wer weiß – göttlicher Fügung eine Lösung finden.

Bevölkerungswachstum? Gut für die Wirtschaft, beteuern einige der »Exemtionalisten«, und jedenfalls ein menschliches Grundrecht, also sollte man ihm ungehindert seinen Lauf lassen. Bodenknappheit? Versuchen wir es mit der Fusionsenergie, um Meerwasserentsalzungsanlagen zu betreiben und so die Wüsten der Erde urbar zu machen. (Dieser Prozeß könnte dadurch unterstützt werden, daß man Eisberge an Küsten der Wüstenregionen schleppt und das Tauwasser zur Bewässerung nutzt.) Das Aussterben von Arten? Keine Sorge! Das ist der natürliche Gang der Dinge. Die Menschheit ist nur die jüngste in einer langen Reihe zerstörerischer Kräfte in der geologischen Geschichte. Da sich unsere Art aus der Umklammerung der alten, geistlosen Natur gelöst hat, ist sie jedenfalls in eine neue Daseinsordnung eingetreten. Wir sollten der Evolution nicht erlauben, auf dieser neuen Bahn fortzuwirken. Und die Ressourcen? Unser Planet hat mehr als genug Ressourcen, um auf Dauer zu bestehen, sofern der menschlichen Geisteskraft erlaubt wird, sich jedem neu auftauchenden Problem in Ruhe zu widmen, ohne Panikmache und ohne unsinnige Einschränkungen der wirtschaftlichen Entwicklung. Halten wir also den Kurs und treten wir nur leicht auf die Bremse.

Die Umweltbewegung, die den Menschen als eine biologische Art betrachtet, die in enger Wechselbeziehung zur Natur steht, vertritt die entgegengesetzte Auffassung. Auch wenn unser Intellekt noch so gewaltig und unser Geist noch so scharfsinnig sein mag, so argumentieren ihre Anhänger, reichten diese Eigenschaften doch nicht aus, um uns von den Zwängen der natürlichen Umwelt zu befreien, in der sich die Evolution unserer Vorfahren abgespielt hat. Die erfolgreiche Bewältigung kleinerer Probleme in der Vergangenheit kann uns keine Zuversicht für die Zukunft vermitteln. Die Erschöpfung zahlreicher lebenswichtiger Ressourcen der Erde steht unmittelbar bevor, die Chemie der Atmosphäre ist in zunehmendem Maße gestört, und die Weltbevölkerung hat bereits eine bedrohliche Größe erreicht. Natürliche Ökosysteme, die Urquellen einer gesunden Umwelt, werden irreversibel geschädigt.

Im Zentrum dieser »ökologischen« Weltanschauung steht die Überzeugung, daß die körperliche und geistige Gesundheit des Menschen nur erhalten werden kann, wenn der natürliche Zustand der Erde weitgehend unangetastet bleibt. Die Erde ist in einem umfassenden, genetischen Sinne unsere Heimat; sie ist der Schauplatz der Jahrmillionen währenden Evolution des Menschen und seiner Vorfahren. Natürliche Ökosysteme – Wälder, Korallenriffe, die Meere – erhalten die Welt genau so, wie wir es uns wünschen würden. Wenn wir den Lebensraum Erde beschädigen und die Vielfalt der Lebensformen vernichten, zerstören wir ein Lebenserhaltungssystem, das wir aufgrund seiner Komplexität in absehbarer Zukunft nicht verstehen, geschweige denn ersetzen können. Weltraumforscher stellen Theorien über die Existenz einer praktisch unbegrenzten Zahl anderer planetarischer Umweltsphären auf, in denen, von ganz wenigen Ausnahmen abgesehen, menschliches Leben unmöglich wäre. Unsere Mutter Erde, die in jüngster Zeit unter dem Namen »Gaia« zu neuer Ehre gelangt ist, ist ein hochspezialisierter Verbund aus Organismen und der von ihnen täglich aufs neue erzeugten physikalischen Umwelt, der durch unüberlegte Eingriffe destabilisiert und in eine tödliche Falle verwandelt werden kann. Wir laufen Gefahr, so das Fazit der Umweltschützer, wie eine große Herde von Grindwalen, die die Orientierung verloren haben, an unwirtlichen Gestaden zu stranden.

Sofern aus dem Ton obiger Ausführungen mein eigener Standpunkt nicht hinlänglich klar geworden ist, sei hier ausdrücklich erwähnt, daß ich mich mit der Umweltbewegung identifiziere. Ich bin nicht so radikal, ein Zurückdrehen der Uhr zu fordern; ich gehöre nicht zu denen, die Nägel in Douglastannen treiben, um damit zu verhindern, daß sie gefällt werden; und mit solch hybriden Bewegungen wie dem Ökofeminismus, der verkündet, die gute Mutter Erde hege und pflege alle Lebewesen und solle wie in vormodernen (altsteinzeitlichen und archaischen) Gesellschaften verehrt und geliebt werden, und die Ausbeutung von Ökosystemen wurzele in androzentrischen – männlichen – Einstellungen, Werten und Institutionen, kann ich herzlich wenig anfangen. Doch mag ich auch ein Produkt der androzentrischen Kultur sein, so bin ich doch radikal genug, um die immer häufiger zu hörende Frage ernst zu nehmen: Begeht die Menschheit kollektiven Selbstmord? Ist der Drang zur Eroberung der Umwelt und zur Selbstreproduktion so tief in unseren Genen verwurzelt, daß ihm nicht Einhalt geboten werden kann?

Meine kurze Antwort – Meinung, wenn Sie so wollen – lautet, daß die Menschheit nicht Selbstmord begehen wird. Wir sind intelligent genug und haben genügend Zeit, um eine globale Umweltkatastrophe, die den Fortbestand der Menschheit gefährden würde, zu verhindern. Aber die technischen Probleme sind so gewaltig, daß sie eine Neuorientierung in Wissenschaft und Technologie erfordern, und die ethischen Fragen sind so fundamental, daß sie ein Überdenken unseres Selbstbildes als Art erheischen.

Es gibt aber Grund zum Optimismus, Grund zu der Annahme, daß wir in das »Jahrhundert der Umwelt« eingetreten sind, wie man es vielleicht eines Tages hochherzig nennen wird. Die Konferenz der Vereinten Nationen über Umwelt und Entwicklung, die im Juni 1992 in Rio de Janeiro stattfand, versammelte über hundertzwanzig Regierungschefs – die größte Zahl, die jemals zu einer politischen Konferenz zusammengekommen ist –, und trug dazu bei, Umweltfragen eine höhere politische Aufmerksamkeit zu sichern. Am 18. November 1992 veröffentlichten über 1500 führende Wissenschaftler eine »Warnung an die Menschheit«, in der sie darauf hinwiesen, daß die Zukunft des Lebens auf der Erde durch Übervölkerung und Umweltbelastung gefährdet sei. Die Ökologisierung der Religion ist ein weltweiter Trend; Theologen und religiöse Oberhäupter behandeln Umweltprobleme als eine moralische Frage. Im Mai 1992 trafen sich die Führer der meisten großen amerikanischen Konfessionen auf Einladung des US-Senats mit Wissenschaftlern, um einen »Gemeinsamen Aufruf von Religion und Wissenschaft zum Schutz der Umwelt« zu formulieren. Nationale Regierungen, aber auch Großgrundbesitzer sehen in zunehmendem Maße in der Bewahrung der biologischen Vielfalt einen Schlüssel für die Zukunft ihres Landes. Indonesien, das einen Großteil der in Asien heimischen Pflanzen- und Tierarten beherbergt, hat damit begonnen, Methoden der Landbewirtschaftung einzuführen, die die Erhaltung und nachhaltige Entwicklung der verbliebenen Regenwälder zum Ziel haben. Costa Rica hat ein Nationales Institut für Biodiversität geschaffen. In Afrika wurde ein panafrikanisches Institut für die Erforschung und Nutzung der biologischen Vielfalt mit Hauptsitz in Zimbabwe gegründet.

Schließlich gibt es günstige demographische Trends. So ist die Rate der Bevölkerungszunahme auf allen Kontinenten rückläufig, obgleich sie überall noch immer weit über Null liegt und in Afrika südlich der Sahara weiterhin sehr hoch bleibt. Trotz tief eingewurzelter Traditionen wächst die Bereitschaft, empfängnisverhütende Mittel zur Familienplanung einzusetzen. Demographen schätzen, daß bei einer vollständigen Befriedigung des vorhandenen Bedarfs der Einsatz empfängnisverhütender Mittel allein das Zahlenniveau, auf dem sich die Weltbevölkerung eines Tages einpendeln wird, um zwei Milliarden verringern würde.

Kurz, der Wille ist da. Und doch bleibt die furchtbare Wahrheit, daß ein Großteil der Menschheit ganz gleich, was getan wird, weiterhin Not leiden wird. Die Anzahl der Menschen, die in völliger Armut leben, ist im Verlauf der letzten zwanzig Jahre auf annähernd eine Milliarde gestiegen und wird bis zum Jahr 2000 vermutlich um weitere hundert Millionen anwachsen.

Sämtliche Fortschritte, die in den Entwicklungsländern erzielt wurden, einschließlich der Verbesserung des durchschnittlichen Lebensstandards, werden durch das andauernde rasche Bevölkerungswachstum und die Zerstörung von Wäldern und Ackerland gefährdet.

Wir müssen unsere Hoffnungen noch weiter zurückschrauben, indem wir eine Unterscheidung zwischen unbelebten und belebten Umwelträumen treffen, die trotz ihrer zentralen Bedeutung nur selten erkannt wird. Die Wissenschaft kann in Abstimmung mit der Politik zwar die unbelebte physikalische Umwelt gezielt beeinflussen. Der Mensch kann heute den physikalischen Homöostaten regulieren. Die Ozonschicht in der Atmosphäre läßt sich durch Beseitigung der Fluorchlorkohlenwasserstoffe weitgehend wiederherstellen; diese Substanzen reichern sich zunächst in der Atmosphäre an und erreichen einen Spitzenwert, der um das Sechsfache über der gegenwärtigen Konzentration liegt, bevor die Konzentration dann im Verlauf der folgenden fünfzig Jahre stetig sinkt. Ferner können wir mit technisch viel aufwendigeren und zunächst recht kostspieligen Verfahren die atmosphärischen Konzentrationen von Kohlendioxid und anderen Treibhausgasen auf ein Niveau senken, das die globale Erwärmung verlangsamt.

Den biologischen Homöostaten kann der Mensch jedoch *nicht* regulieren. Es ist kein Verfahren in Sicht, mit dem wir die natürlichen Ökosysteme und die Millionen von Arten, die sie beherbergen, feinsteuern könnten. Dieses Kunststück mögen künftige Generationen fertigbringen, doch dann wird es zu spät sein für die Ökosysteme – und vielleicht auch für uns. Trotz der scheinbar unergründlichen Fülle der Schöpfung beschneidet der Mensch ihre Vielfalt und wird die Erde binnen eines Jahrhunderts zu einem verarmten Planeten werden, wenn die gegenwärtigen Trends andauern. Massenhafte Artensterben werden mit zunehmender Häufigkeit aus allen Regionen der Erde gemeldet. Ausgerottet sind beispielsweise die Hälfte der Süßwasserfische der Malakkahalbinsel, die Hälfte der Baumschnecken der Insel Oahu, 44 der 68 auf den Sandbänken des Tennessee vorkommenden Flußmuschelarten, ganze neunzig Pflanzenarten, die ausschließlich an den Hängen des Berges Centinela in Ekuador wuchsen, und in den Vereinigten Staaten insgesamt etwa zweihundert Pflanzenarten, wobei weitere 680 Arten und Rassen mittlerweile vom Aussterben bedroht sind. Die Hauptursache für diesen Artenschwund ist die Zerstörung der natürlichen Lebensräume, vor allem der Tropenwälder. Die zweitwichtigste Ursache ist die Einführung von Ratten, Schweinen, Bürstengras, Wandelröschen und anderen fremden Organismen, die sich schneller vermehren als die heimischen Arten und diese verdrängen.

Die weltweit wenigen tausend Biologen, die sich auf die Erforschung der biologischen Vielfalt spezialisiert haben, wissen, daß sie nur einen sehr kleinen Prozentsatz aller Extinktionen beobachten und registrieren können. Das liegt daran, daß sie mit ihrer Ausrüstung jährlich nur einen winzigen Bruchteil der Millionen von Arten und einen schmalen Streifen der Erdoberfläche erfassen können. Sie haben eine allgemeine Regel aufgestellt, die die Lage beschreibt: Jedesmal, wenn Lebensräume vor und nach der Einwirkung von Störfaktoren einer gründlichen Bestandsaufnahme unterzogen werden, zeigt sich fast immer, daß Arten ausgestorben sind. Daraus folgt logischerweise, daß die große Mehrzahl der Extinktionen nicht beobachtet wird. Eine riesige Zahl Arten verschwindet offensichtlich, bevor sie entdeckt und benannt werden kann.

Es gibt jedoch eine Möglichkeit, die Verlustrate indirekt zu bestimmen. Unabhängige Studien rund um die Erde in Süßgewässern und im Meer haben einen robusten Zusammenhang zwischen der Größe eines Habitats und seiner Artenvielfalt nachgewiesen. Bereits eine geringfügige Abnahme der Arealgröße führt zu einem Rückgang der Artenzahl. Als Faustregel gilt: Bei der Verkleinerung eines Habitats auf zehn Prozent seiner ursprünglichen Fläche nimmt die Zahl der Arten ungefähr um fünfzig Prozent ab. Das Areal der tropischen Regenwälder, die vermutlich das Gros sämtlicher Arten der Erde beherbergen (aus diesem Grund bereiten die Regenwälder den Naturschützern so große Sorge), schwindet annähernd in dieser Größenordnung. Gegenwärtig bedecken sie dieselbe Gesamtfläche wie die achtundvierzig aneinandergrenzenden US-Bundesstaaten; dies entspricht etwas weniger als der Hälfte ihres ursprünglichen, prähistorischen Areals, und sie schrumpfen jährlich um weit über ein Prozent – eine Fläche, die der Hälfte des Bundesstaates Florida entspricht. Legt man den typischen Wert (eine neunzigprozentige Verkleinerung der Fläche führt auf lange Sicht zum Aussterben von fünfzig Prozent der Arten) zugrunde, dann schwindet die Zahl der Arten (Pflanzen, Tiere und Mikroorganismen eingeschlossen) infolge der weltweiten Vernichtung von Regenwald jährlich um 0,3 Prozent.

Betrachtet man die Verkleinerung des Areals und alle anderen Ursachen des Artensterbens zusammen, dann dürfte es realistisch sein, bis zum Jahr 2020 einen Verlust von mindestens zwanzig Prozent der Regenwaldarten zu prognostizieren, der bis zum Jahr 2050 auf fünfzig Prozent klettern dürfte, wenn sich nichts an der gegenwärtigen Praxis ändert. Ein vergleichbarer Schwund wird vermutlich auch in anderen Lebensräumen zu verzeichnen sein, die heute durch menschliche Eingriffe geschädigt werden, darunter zahlreiche Korallenriffe und die Heidelandschaften mediterranen Typs in Westaustralien, Südafrika und Kalifornien.

Die Evolution wird den laufenden Aderlaß nicht in einem Zeitraum wettmachen, der für die Menschheit von Bedeutung ist. Das Aussterben von Arten vollzieht sich mittlerweile viele tausend Mal schneller als die Erzeugung neuer Arten. In den vergangenen Erdzeitaltern schwankte die mittlere Lebensspanne einer Art und ihrer Abkömmlinge je nach Gruppe (wie etwa Weichtiere, Stachelhäuter oder Blütenpflanzen) zwischen ungefähr einer Million bis zehn Millionen Jahren. In den vergangenen 500 Millionen Jahren gab es fünf Massenaussterben, die in ihrem Ausmaß mit der jetzt durch die Expansion des Menschen ausgelösten Vernichtung vergleichbar sind. Das letzte, das offenbar durch den Aufprall eines Asteroiden auf die Erde verursacht wurde, beendete vor 66 Millionen Jahren das Zeitalter der Reptilien. In allen Fällen dauerte es über zehn Millionen Jahre, bis die Evolution den Verlust an biologischer Vielfalt wieder vollständig wettgemacht hatte. Zudem geschah dies in einer ansonsten nicht gestörten natürlichen Umwelt. Die Menschheit vernichtet heute die meisten Habitate, in denen die Evolution ungestört ablaufen kann.

Die erhaltene Biosphäre bleibt in vielerlei Hinsicht die große Unbekannte der Erde. Wir können kaum ermessen, was andere Arten in praktischer Hinsicht an neuen Arzneien, Kulturpflanzen, Fasern, Erdölersatzstoffen und sonstigen Produkten für uns bereithalten mögen. Wir haben nur eine vage Vorstellung von den Dienstleistungen der Ökosysteme, dank deren andere Organismen das Wasser säubern, das Erdreich in einen lebendigen Nährboden verwandeln und die Luft erzeugen, die wir atmen. Wir ahnen allenfalls, was uns die überaus mannigfaltige Natur an ästhetischem Genuß und seelischem Wohlbefinden beschert.

Die Naturwissenschaftler sind nicht gewappnet, den Verfall der Biosphäre aufzuhalten. Um dies zu veranschaulichen, nehmen wir an, ihnen würde folgender Auftrag erteilt. Der letzte Rest eines Regenwaldes soll abgeholzt werden. Die Naturschützer sind matt gesetzt. Die Verträge sind unterzeichnet, und die örtlichen Grundeigentümer und Politiker geben sich kompromißlos. In einem letzten verzweifelten Schritt wird schleunigst ein Team von Biologen zusammengestellt, das sich mit außerordentlichen Mitteln um die Rettung der Artenvielfalt bemühen soll. Sie haben folgende Aufgaben: rasch Proben sämtlicher Arten von Organismen zu entnehmen, bevor die Rodung beginnt; die Arten in Zoos, Gärten und Laborkulturen zu erhalten beziehungsweise tiefgefrorene Gewebeproben in flüssigem Stickstoff aufzubewahren; und schließlich ein Verfahren zu entwickeln, mit dem die gesamte Lebensgemeinschaft zu einem späteren Zeitpunkt, wenn sich die soziale und wirtschaftliche Lage gebessert hat, von Grund auf neu zusammengefügt werden kann.

Die Biologen können diesen Auftrag nicht erfüllen, nicht einmal, wenn sie in Heerscharen kämen und über ein Budget von einer Milliarde Dollar verfügten. Sie haben nicht einmal eine ungefähre Vorstellung davon, wie sie dies bewerkstelligen könnten. In dem Waldgebiet lebt eine Unzahl von Arten: vielleicht 300 Vögel, 500 Schmetterlinge, 200 Ameisen, 50 000 Käfer, 1000 Bäume, 5000 Pilze, Zehntausende von Bakterien und so weiter eine lange Liste von Hauptgruppen hindurch. Jede Art besetzt eine ganz bestimmte Nische, braucht ein bestimmtes Areal, ein genau definiertes Mikroklima, besondere Nährstoffe, Temperatur- und Feuchtigkeitszyklen mit einem präzisen zeitlichen Rhythmus, der die Phasen des Lebenszyklus steuert. Zahlreiche

Arten – vielleicht die meisten – sind in symbiotische Beziehungen mit anderen Arten eingebunden; sie können nur dann überleben und sich fortpflanzen, wenn sie mit ihren Partnern in den für sie maßgeschneiderten Beziehungsmustern vergesellschaftet werden.

Selbst wenn die Biologen das taxonomische Gegenstück des Manhattan-Projekts (Entwicklungsprogramm für die Atombombe der US-Armee im Zweiten Weltkrieg, A.d.Ü.) mit umgekehrter Zielrichtung zuwege brächten, indem sie sämtliche Arten sortierten und Kulturen von ihnen anlegten, könnten sie die Lebensgemeinschaft doch anschließend nicht wieder zusammensetzen. Das wäre so, als wollte man ein Rührei mit zwei Gabeln wieder in Dotter und Eiweiß trennen. Die Biologie der Mikroorganismen, die erforderlich sind, um den Boden wiederzubeleben, wäre größtenteils unbekannt. Über die Bestäuber der meisten Blüten und den richtige Zeitpunkt ihres Erscheinens könnte man nur Vermutungen anstellen. Die »Vergesellschaftungsregeln«, also die Reihenfolge, in der man die Arten in den neuen Lebensraum einbringen müßte, damit sie auf unbestimmte Zeit miteinandern koexistieren, blieben im Bereich der Theorie.

Der »Exemtionalismus« scheitert endgültig an seiner Mißachtung aller nichtmenschlichen Lebensformen. Weiterzumachen wie bisher in dem Glauben, wissenschaftlicher und unternehmerischer Erfindungsgeist würden jede Krise bewältigen, bedeutet, darauf zu vertrauen, daß die verarmende Biosphäre ähnlich manipuliert werden könnte. Aber die Natur ist zu kompliziert, als daß man sie in einen Garten verwandeln könnte. Es gibt keinen biologischen Homöostaten, den die Menschheit regeln könnte; etwas anderes zu glauben bedeutet, einen Großteil der Erde dem Risiko der Verwüstung preiszugeben.

Die Auffassung der Umweltschützer, die besonnener und bescheidener ist als der Exemtionalismus, ist wirklichkeitsnäher. Sie sehen die Menschheit in einen historisch einzigartigen Engpaß eintreten, der sich durch den wachsenden Bevölkerungsdruck und wirtschaftliche Zwänge ständig weiter zusammenzieht. Um diesen Engpaß in vielleicht fünfzig bis hundert Jahren zu überwinden, müssen verstärkte wissenschaftliche und unternehmerische Anstrengungen unternommen werden, um den Lebensraum Erde zu stabilisieren. Dies läßt sich nach einhelliger Meinung von Experten nur dadurch erreichen, daß das Bevölkerungswachstum zum Stillstand gebracht wird und die Ressourcen klüger genutzt werden als bisher. Die besonnene Nutzung der belebten Natur bedeutet insbesondere, noch bestehende Ökosysteme zu erhalten und nur in dem Maße künstliche Eingriffe darin vorzunehmen, wie dies für die Erhaltung ihrer Artenvielfalt erforderlich ist, bis zu dem Zeitpunkt, da wir sie gründlich genug verstehen, um sie in vollem Umfang zum Wohl der Menschheit zu nutzen.

Quellennachweis

Bei den in diesem Band zusammengestellten Aufsätzen handelt es sich um – in den meisten Fällen geringfügig aktualisierte und mit Genehmigung der Verlage – nachgedruckte Buchkapitel und Zeitschriftenbeiträge, die nachfolgend aufgelistet sind.

»Die Schlange« (»THE SERPENT«), aus dem gleichnamigen Kapitel in: *Biophilia*, Cambridge, Mass., Harvard University Press 1984, S. 83–101. Copyright © 1984 by the President and Fellows of Harvard College.

»Zum Lobpreis der Haie« (»IN PRAISE OF SHARKS«), aus dem gleichnamigen Artikel in: *Discover* 6 (Juli 1985), S. 40–53. Copyright © 1985 Discover Magazine.

»In Gesellschaft von Ameisen« (»IN THE COMPANY OF ANTS«), *Bulletin of the American Academy of Arts and Sciences*, 45, Nr. 3 (1991), S. 13–23.

»Kooperation bei Ameisen« (»ANTS AND COOPERATION«), veröffentlicht unter dem Titel »Altruism and Ants«, in: *Discover* 6 (August 1985), S. 46–51. Copyright © 1985 Discover Magazine.

»Altruismus und Aggression« (»ALTRUISM AND AGGRESSION«), veröffentlicht unter dem Titel »Human Decency Is Animal«, *New York Times Magazine*, 12. Oktober 1975, S. 38–50.

»Die Menschheit, aus der Ferne gesehen« (»HUMANITY SEEN FROM A DISTANCE«), veröffentlicht als Teil von »Comparative Social Theory«, in: *The Tanner Lectures on Human Values*, Bd. 1, Salt Lake City, University of Utah Press, 1980, S. 51–58. Nachdruck mit freundlicher Genehmigung der University of Utah Press, Cambridge University Press und der Trustees of the Tanner Lectures on Human Values.

»Kultur als ein biologisches Produkt« (»CULTURE AS A BIOLOGICAL PRODUCT«), veröffentlicht unter dem Titel »The Biological Basis of Culture«, in: Joseph Lopreato (Hg.), *Sociobiology and Sociology*, eine spezielle Monographie in der *Revue internationale de sociologie*, n.s., 3 (1989), S. 35–60.

»Der Paradiesvogel: Der Jäger und der Dichter« (»THE BIRD OF PARADISE: THE HUNTER AND THE POET, SCIENCE AND THE HUMANITIES)«, aus »The Bird of Paradise«, in: *Biophilia*, Cambridge, Mass., Harvard University Press 1984, S. 51–55. Copyright © 1984 by the President and Fellows of Harvard College.

»Die kleinen Wesen, die die Welt regieren« (»THE LITTLE THINGS THAT RUN THE WORLD«), veröffentlicht in: *Conservation Biology* 1 (1987), S. 344–346. Nachdruck mit Genehmigung der Blackwell Science, Inc.

»Der Aufstieg der Systematik« (»SYSTEMATICS

Ascending«), veröffentlicht unter dem Titel »The Coming Pluralization of Biology and the Stewardship of Systematics«, in: *BioScience* 39 (1989), S. 242–245. Copyright © 1989 American Institute of Biological Sciences.

»*Biophilie und Umweltethik*« (»Biophilia and the Environmental Ethic«), veröffentlicht unter dem Titel »Biophilia and the Conservation Ethic«, in: S. R. Kellert und E. O. Wilson (Hg.), *The Biophilia Hypothesis*, Washington, D.C., Island Press 1993, S. 31–41.

»*Begeht die Menschheit Selbstmord?*« (»Is Humanity Suicidal?«), veröffentlicht im *New York Times Magazine*, 30. Mai 1993, S. 24–29.

Register